四川省"十四五"职业教育省级规划
四川省双高机电专业群教材建设项目成果

第二版

JIXIE JIAGONG GONGYI
XIANGMU JIAOCHENG

机械加工工艺项目教程

》 肖善华 熊保玉 主 编
》 朱利 康晋辉 余再新 何礼雄 彭成民 副主编
》 陈琪 主 审

化学工业出版社
·北京·

内 容 简 介

本书主要包括数控车削工艺、数控铣削工艺、多轴加工工艺、夹具设计四个模块，讲述了数控车床认识与选择、数控车刀认识与选择、台阶轴零件加工工艺、螺纹轴零件加工工艺、椭圆凸轮轴零件加工工艺、数控铣床认识与选择、数控铣削刀具及夹具选择、型腔类零件加工工艺、盘套类零件加工工艺、配合零件车削加工工艺、多轴联动加工工艺、开合螺母车床夹具设计、套筒钻床夹具设计等内容。

本书内容体现了校企合作、工学结合的特色。书中按照项目任务形式编写，突出基础知识、技术技能与能力和职业素质的培养，融入新知识、新技术、新工艺、新方法，加入智能制造加工中的高端化、智能化、绿色化的多轴加工新工艺，现代智能夹具设计新技术等。将"工匠精神、创新精神、精益求精、严谨专注、持续创新"等融于智能工艺设计项目任务教学过程中，潜移默化地融于学习过程，实现润物无声的思政育人效果。

为方便教学，本书配套了微视频、微课、电子课件（可到 QQ 群 410301985 下载）等丰富的数字资源。

本书是高等职业院校机电一体化、数控技术、机械制造与自动化等专业的教材，还可作为相关教师与工程技术人员的参考用书。

图书在版编目（CIP）数据

机械加工工艺项目教程 / 肖善华，熊保玉主编 .
2 版 . -- 北京 : 化学工业出版社，2025. 1. -- ISBN
978-7-122-46093-6

Ⅰ. TG506

中国国家版本馆 CIP 数据核字第 2024FX1917 号

责任编辑：韩庆利　　　　　　　　文字编辑：吴开亮
责任校对：赵懿桐　　　　　　　　装帧设计：史利平

出版发行：化学工业出版社
　　　　　（北京市东城区青年湖南街 13 号　邮政编码 100011）
印　　装：三河市航远印刷有限公司
787mm×1092mm　1/16　印张 14$\frac{1}{2}$　字数 345 千字
2025 年 1 月北京第 2 版第 1 次印刷

购书咨询：010-64518888　　　　　　售后服务：010-64518899
网　　址：http://www.cip.com.cn
凡购买本书，如有缺损质量问题，本社销售中心负责调换。

定　　价：49.00 元　　　　　　　　版权所有　违者必究

《机械加工工艺项目教程》

编审人员名单

主　编　肖善华　熊保玉

副主编　朱　利　康晋辉　余再新　何礼雄　彭成民

参　编　宋　宁　吴福洲　罗钧文

主　审　陈　琪

本书在编写过程中坚决贯彻党的二十大精神和理念，以学生的全面发展为培养目标，融"知识学习、技能提升、素质培育"于一体，严格落实立德树人根本任务，任务案例中导入培育大国工匠精神，引导学生要独立自主、守正创新、知难而进、迎难而上，推动智能制造工艺高端化、智能化、绿色化。为贯彻实施国家文化数字化战略，本书除传统的电子课件、教案、习题外，还配有大量数字化资源。各任务设有教师讲解微课视频及演示动画或 VR，有丰富的案例资源及活动素材，扫描书中二维码即可观看；同时本书还配有在线课程，支持教师进行线上教学及学生自学。本书力求打造立体化、多元化、数字化教学资源，打通纸质教材与数字化教学资源之间的通道，为混合式教学改革提供保障。

本书特色与创新如下：

1. 本教材为**校企合作开发的"双元"教材**，教材任务案例基于企业真实生产项目，包括四川宜宾普什集团有限公司台阶轴工艺项目、武汉华中数控技术有限公司螺纹轴工艺项目、全国技能竞赛多轴试题凸轮轴工艺项目等，教学内容以"项目＋任务"的方式呈现，注重理论与实践的有机衔接。

2. 本教材以**任务驱动，工作过程为导向**，有助于实施行动导向教学改革，且有助于学生自主学习、小组合作探究式学习。

3. 本教材结合教学项目，有机融入**思政元素**，有助于教师实施课程思政教学改革，也有助于学生在学习感悟中去提升思政素养。

4. 本教材由**全国技术能手、全国优秀教师、企业高工、教授等校企人员联合编写**，案例内容源自企业一线，具有典型代表性、适用性。

5. 本教材配套开发有**动画、视频、VR、微课资源**，突破工艺学习过程中的难点。

本书由宜宾职业技术学院肖善华、成都工业职业技术学院全国优秀教师熊保玉担任主编，宜宾职业技术学院朱利、驻马店技师学院康晋辉、四川现代职业学院余再新、重庆华中数控技术有限公司何礼雄和宜宾普什集团公司全国技术能手、四川工匠彭成民担任副主编，宜宾职业技术学院罗钧文、吴福洲、宋宁参编，宜宾职业技术学院陈琪担任主审。具体分工如下：项目一、二由罗钧文、肖善华编写；项目三、十一由吴福洲、何礼雄编写；项目四、六、七由朱利、何礼雄编写；项目五、八由康晋辉、彭成民编写；项目九、十由余再新、肖善华、宋宁编写；项目十二、十三由熊保玉、彭成民编写。教材在编写过程中参阅了国内外同行的优秀教材及文献，在此一并致谢。

因编者水平有限，书中不足之处在所难免，恳请广大读者批评指正。

编者

二维码索引

名称	二维码	页码	名称	二维码	页码
平口虎钳装夹工件		95	凸轮建模		150
用压板和回转工作台装夹工件		98	凸轮编程加工		150
大国工匠 - 洪家光		102	凸轮加工仿真		152
型腔类零件机械加工工艺		103	生命链条		157
大国工匠 - 刘时勇		108	大国工匠 - 李峰		157
盘套类零件加工工艺		126	车床专用夹具		161
大国工匠 - 孙红梅		130	大国工匠 - 郑志明		179
球头偏心轴套零件机械加工工艺		133	钻床专用夹具（1）		179
大国工匠 - 顾秋亮		143	钻床专用夹具（2）		183
凸轮加工工艺		146	钻床专用夹具（3）		188

目录

学习模块 2　数控铣削工艺

学习模块 3　多轴加工工艺

学习模块 4　夹具设计

学习模块 1
数控车削工艺

项目 **1**
数控车床认识与选择

项目概述

　　数控车床是目前使用较为广泛的数控机床之一。它主要用于轴类零件或盘类零件的内外圆柱面、任意锥角的内外圆锥面、复杂回转内外曲面和圆柱、圆锥螺纹等的切削加工，并能进行切槽、钻孔、扩孔、铰孔及镗孔等加工。本项目将通过介绍数控和数控机床的基本概念，分析数控车床的组成和分类，使学生了解数控车床的主要技术参数，掌握数控机床性能指标的含义和影响，掌握数控车床的选择原则和方法。

教学目标

▶▶ 1. 知识目标

① 了解数控与数控机床的概念。
② 掌握数控车床的组成和分类。
③ 了解数控车床的主要特点。
④ 了解数控车床的主要技术参数。
⑤ 掌握数控机床性能指标的含义和影响。
⑥ 掌握数控车床的选择原则和方法。

▶▶ 2. 能力目标

① 能对数控车床进行正确分类。
② 会识读数控车床的主要技术指标。
③ 能合理正确选择数控车床。

▶▶ 3. 素质目标

① 树立学生的爱国情怀，增强四个自信。

② 培养学生具有敬业、精益、专注等工匠精神。

③ 培养学生追求高效率、高精度，追求卓越工艺技术的创造精神。

 任务描述

学海导航

0.1mm 的故事

微课

选择制造设备是要为制造某些产品服务的，选择的设备可能用于产品的一部分加工工序，也可能用于全部加工工序。制造水平的高低首先取决于工艺过程的设计，它将决定用什么方法和手段来加工，从而也决定了对使用设备的基本要求，这也是对生产进行技术组织和管理的依据。如何选择合适的数控车床是数控加工工艺设计中的一个关键环节，是一个综合性的技术问题。

 相关知识

数控车床的认识与选择

1.1　数控车床基础知识

（1）数控

数控是数字控制的简称。数控技术是一种利用数字化信息对机械运动及加工过程进行控制的技术。计算机数控系统（CNC）采用专用计算机并配有接口电路，实现多台数控设备动作的控制，它所控制的通常是位置、角度、速度等机械量和与机械能量流向有关的开关量。

（2）数控机床

数控机床是数字控制机床的简称，是一种装有程序控制系统的自动化机床。该控制系统能够逻辑地处理具有控制编码或其他符号指令规定的程序，并将其译码，用代码化的数字表示，通过信息载体输入数控装置，经运算处理由数控装置发出各种控制信号，控制机床的动作，按图纸要求的形状和尺寸，自动完成零件加工。数控机床较好地解决了复杂、精密、小批量、多品种的零件加工问题，是一种柔性的、高效的自动化机床，代表了现代机床控制技术的发展方向，是一种典型的机电一体化产品。

1.2　数控车床的组成与分类

1.2.1　数控车床的组成

数控车床如图 1-1 所示。数控车床主要由床身、主轴箱、电气控制箱、刀架、数控装置、进给系统及其他辅助装置等组成。

（1）床身

车床床身是床身和床身底座的总称。底座为整台车床的支撑与基础，所有的车床部件均安装在底座上，主电动机与冷却箱置于床身右侧的底座内部。

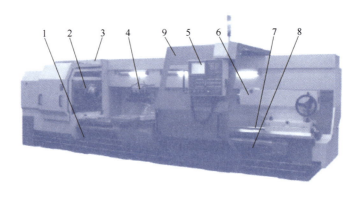

图 1-1　数控车床

1—床身；2—主轴箱；3—电气控制箱；4—刀架；5—数控装置；6—尾座；7—导轨；8—丝杠；9—防护板

（2）主轴箱

主轴箱是一个复杂的传动部件，包括主轴组件、换向机构、传动机构、制动装置、操纵机构和润滑装置等。其主要作用是支承主轴并使其旋转，实现主轴启动、制动、变速和换向等功能。

（3）电气控制箱

电气控制箱用于安装各种车床电气控制元件、数控伺服控制单元和其他辅助装置。电气控制箱如图 1-2 所示。

图 1-2　电气控制箱

（4）刀架

数控车床上的刀架是安装刀具的重要部件，许多刀架还直接参与切削工作，如卧式车床上的四方刀架、转塔车床的转塔刀架、回轮式转塔车床的回轮刀架、自动车床的转塔刀架和天平刀架等。

① 转塔刀架［图 1-3（a）］。由车床生产厂商自己开发，所使用的刀柄也是专用的。这种刀架的优点是制造成本低，但缺乏通用性。

② 四方刀架［图 1-3（b）］。四方刀架是根据一定的通用标准生产的刀架，数控车床生产厂商可以根据数控车床的功能要求进行选择配置。

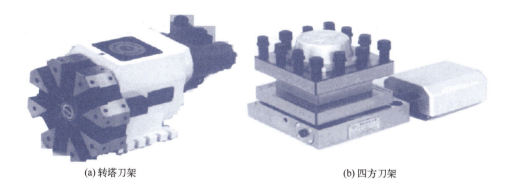

(a) 转塔刀架   (b) 四方刀架

图 1-3　刀架

（5）数控装置

数控装置是数控车床的核心，它主要包括硬件（印制电路板、CRT 显示器、键盒、纸带阅读机等）以及相应的软件，用于输入数字化的零件程序，并完成输入信息的存储、数据的变换、插补运算以及实现各种控制功能。

（6）进给系统

进给系统是在数控装置的控制下通过电气或电液伺服系统实现主轴和进给驱动，它包括主轴驱动单元、进给单元、主轴电机及进给电机等，进给系统部分元件如图 1-4 所示。当几个进给联动时，可以完成定位、直线、平面曲线和空间曲线的加工。

(a) 伺服电机   (b) 弹性联轴器   (c) 滚珠丝杠

图 1-4　进给系统部分元件

（7）尾座

尾座是用于配合主轴箱支承工件或工具的部件。

（8）辅助装置

辅助装置是指数控车床的一些必要的配套装置，用以保证数控车床的运行。它包括液压和气动装置、排屑装置、交换工作台、数控转台和数控分度头等，还包括监控检测装置等。

（9）其他附属设备

其他附属设备可用来在机外进行零件加工的程序编制、程序存储等。

1.2.2　数控车床的分类

数控车床品种繁多、规格不一，一般可按以下方法进行分类。

（1）按数控车床主轴位置进行分类

① 立式数控车床（简称数控立车）。立式数控车床如图 1-5 所示，车床主轴垂直于水平面，有一个直径很大的圆形工作台，用来装夹工件。这类车床装夹工件方便，占地面积小，采用油水分离结构，使冷却水清洁环保，主要用于加工径向尺寸大、轴向尺寸相对较小的大型复杂零件。

② 卧式数控车床。卧式数控车床如图 1-6 所示，分为数控水平导轨卧式车床和数控倾斜导轨卧式车床。倾斜导轨结构可以使车床具有更大的刚性，并易于排除切屑。卧式数控车床可实现自动控制，能够车削加工多种零件的内外圆、端面、切槽、任意锥面、球面及公 / 英制螺纹等，适合大批量生产。

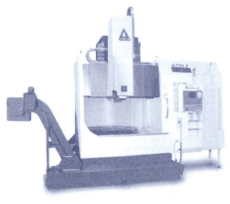

| 图 1-5　立式数控车床 | 图 1-6　卧式数控车床 |

（2）按加工零件的类型进行分类

① 卡盘式数控车床。卡盘式数控车床如图 1-7 所示，这类车床没有尾座，适合车削盘类（含短轴类）零件。夹紧控制方式多为电动或液动控制，卡盘结构多为可调卡爪或不淬火卡爪（即软卡爪）。

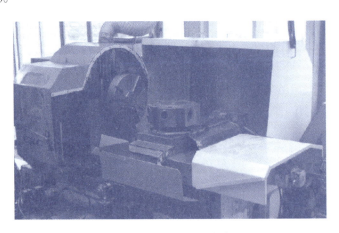

图 1-7　卡盘式数控车床

② 顶尖式数控车床。顶尖式数控车床如图 1-6 所示，这类车床配有普通尾座或数控尾座，适合车削较长的零件及直径不太大的盘类零件。

（3）按刀架数量进行分类

① 单刀架数控车床。这类车床一般都配置有各种形式的单刀架，如四工位卧动转位刀架或多工位转塔式自动转位刀架。

② 双刀架数控车床。这类车床的双刀架可以是平行分布，也可以是相互垂直分布。

（4）按功能进行分类

① 经济型数控车床。图 1-6 所示卧式数控车床属于经济型数控车床，它是采用步进电动机和单片机对普通车床的进给系统进行改造后形成的简易数控车床，成本较低，但自动化程度和功能都比较差，车削加工精度也不高，适用于要求不高的回转类零件的车削加工。

② 普通数控车床。普通数控车床是根据车削加工要求，在结构上进行专门设计并配备通用数控系统而形成的数控车床，数控系统功能强，自动化程度和加工精度也比较高，适用于一般回转类零件的车削加工。

③ 车削加工中心。车削加工中心如图 1-8 所示，它是在普通数控车床的基础上，增加了 C 轴和动力头，更高级的数控车床带有刀库，可控制 3 个坐标轴。由于增加了 C 轴和铣削动力头，这种数控车床的加工功能大大增强，除可以进行一般车削外，还可以进行径向和轴向铣削、曲面铣削、中心线不在零件回转中心的孔和径向孔的钻削等加工。

图 1-8　车削加工中心

（5）其他分类方法

数控车床按数控系统控制方式可分为开环控制、闭环控制、半闭环控制数控车床等；按特殊或专门工艺性能可分为螺纹数控车床、活塞数控车床、曲轴数控车床等。随着数控车削技术不断发展，车铣复合中心及双刀双主轴车床得到广泛应用，如图 1-9、图 1-10 所示。

图 1-9　车铣复合中心

图 1-10 双刀双主轴车床

1.2.3 数控系统

（1）国外数控系统

① FANUC 数控系统。FANUC 数控系统是日本 FANUC 公司创建的。目前，广泛使用的数控系统主要有 FANUC 18i TA/TB、FANUC 0i TA/TB/TC（图 1-11）、FANUC 0 TD 等。

② SIEMENS 数控系统。 SIEMENS 数控系统是西门子集团旗下自动化与驱动集团的产品，西门子数控系统 SINUMERIK 发展了很多代，目前广泛使用的主要有 802D（图 1-12）、810D、840D 等。

图 1-11 FANUC 0i 数控系统操作界面

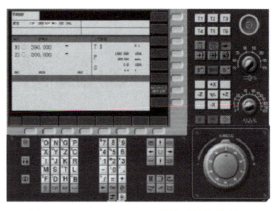

图 1-12 SIEMENS 802D 数控系统操作界面

③ 日本 Mazak 数控系统。山崎马扎克公司成立于 1919 年，主要生产数控车床、复合车铣加工中心、立式加工中心、卧式加工中心、数控激光系统、FMS 柔性生产系统、CAD/CAM 系统、CNC 装置及生产支持软件等。

④ 德国海德汉数控系统。海德汉公司开发生产光栅尺、角度编码器、旋转编码器、数显装置和数控系统。海德汉公司的产品广泛应用于机床、自动化机器，特别是半导体和电子制造业中。海德汉公司生产的 iTNC530 控制系统是一种通用的控制系统，适用于铣床、加工中心或需要优化刀具轨迹控制的加工过程，属于高端数控系统，该系统的数据处理时间是以前 TNC 系列产品的 1/8。

（2）国产数控系统

① 广州数控，GSK928T、GSK980T（图 1-13）等。

② 华中数控，HNC-21T（图 1-14）等。

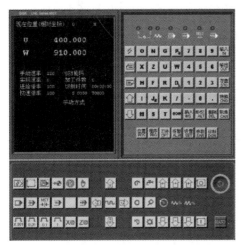

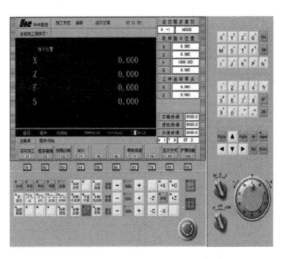

图 1-13 广州数控 GSK980T 系统操作界面　　　　图 1-14 华中数控 HNC-21T 系统操作界面

③ 北京航天数控，CASNUC 2100 等。

④ 南京仁和数控，RENHE-32T/90T/100T 等。

⑤ 凯恩帝数控，凯恩帝（KND）品牌于 1993 年在北京创立，主要从事数控系统及工业自动化产品研发、生产、销售及服务等。其主要数控产品有 K2000 及 K2100 系列等。

1.3　数控车床的主要特点、技术参数

1.3.1　数控车床的主要特点

数控车床具有如下特点：

① 采用了全封闭或半封闭防护装置，可以防止金属切屑或切削液的飞溅。

② 大多采用自动排屑装置，排屑更方便。

③ 主轴转速高，工件装夹更安全可靠。

④ 加工精度高，具有稳定的加工质量。

⑤ 可进行多坐标的联动，能加工形状复杂的零件。

⑥ 加工零件改变时，一般只需要更改数控程序，可节省生产准备时间。

⑦ 本身的精度高、刚性大，生产率高（一般为普通车床的 3 ～ 5 倍）。

⑧ 自动化程度高，可以减轻生产人员劳动强度。

⑨ 对操作人员的素质要求较高，对维修人员的技术要求更高。

1.3.2　数控车床的主要技术参数

数控车床的主要技术参数有最大回转直径，最大车削直径，最大车削长度，最大棒料尺寸，主轴转速范围，X、Z 轴行程，X、Z 轴快速移动速度，定位精度，重复定位精度，刀架行程，刀位数，刀具装夹尺寸，主轴头形式，主轴电机功率，进给伺服电机功率，尾座行

程，卡盘尺寸，机床质量，轮廓尺寸等。下面以配备 FANUC 0i 系统的 CKA6150/750 和配备 HNC 21T 系统的 CKA6136i 为例说明数控车床的主要技术参数，具体指标见表 1-1。

表 1-1　数控车床的主要技术参数

项目		CKA6150/750	CKA6136i
床身最大工件回转直径 /mm		ϕ500	ϕ360
刀架最大工件回转直径 /mm		ϕ280	ϕ180
最大工件长度 /mm		750	750
最大加工长度 /mm		680	620
最大车削直径 /mm	立式四工位刀台	ϕ500	ϕ360
	卧式六工位刀台	ϕ400	ϕ300
中心高 /mm		250	—
坐标行程	X 向 /mm	280	205
	Z 向 /mm	685	625
横 / 纵向快速进给 /（mm/min）		X：6000，Z：10000	X：4000，Z：5000
主轴			
主轴转速范围 /（r/min）	手动 + 变频型	低：7 ~ 135 中：30 ~ 550 高：110 ~ 2200	—
	单主轴 + 变频型		200 ~ 3500
主轴头形式		D8	单主轴 + 变频型 A2-5
主轴通孔直径 /mm		ϕ82	ϕ40
主轴电机（变频型）功率 /kW		7.5	5.5
刀台	刀位数	卧式 6 工位	4 工位
	刀台转位重复定位精度 /mm	0.008	—
	换刀时间（单工位）/s	3	
	刀杆截面 /mm	25 × 25	20 × 20
尾架	套筒最大行程 /mm	150	130（手动尾架）
	套筒直径 /mm	ϕ75	ϕ63
	套筒锥孔锥度	莫氏 5 号	莫氏 4 号
数控系统		FANUC 0i	HNC 21T
机床外形尺寸（长 × 宽 × 高）/mm		2580 × 1750 × 1620	2300 × 1480 × 1520
机床质量 /kg		2550	1800

1.3.3　数控机床性能指标

　　数控机床的性能指标包括数控机床的精度、数控机床的可控轴数与联动轴数、数控机床运动性能和数控机床加工能力四个方面。数控机床性能指标见表 1-2。

表 1-2 数控机床性能指标

种类	项目	含义	影响
精度指标	定位精度	数控机床工作台等移动部件在确定的终点所达到的实际位置的水平	直接影响加工零件的位置精度
	重复定位精度	同一数控机床上，应用相同加工程序加工一批零件所得连续质量的一致程度	影响一批零件的加工一致性、质量稳定性
	分度精度	分度工作台在分度时，理论要求回转的角度值与实际回转角度值的差值	影响零件加工部位的空间位置及孔系加工的同轴度
	分辨率	数控机床对两个相邻的分散细节之间可分辨的最小间隔	决定机床的加工精度和表面质量
	脉冲当量	执行运动部件的移动量	决定机床的加工精度和表面质量
坐标轴	可控轴数	机床数控装置能控制的轴数	影响机床功能、加工适应性和工艺范围
	联动轴数	机床数控装置控制的坐标轴同时到达空间某一点的坐标数目	影响机床功能、加工适应性和工艺范围
运动性能指标	主轴转速	机床主轴转动速度	影响可加工的小孔和零件表面质量
	进给速度	机床进给线速度	影响零件加工质量、生产效率和刀具寿命
	行程	数控机床坐标轴空间运动范围	影响加工零件的大小
	摆角范围	数控机床摆角坐标的转角大小	影响加工零件的空间大小和机床刚度
	刀库容量	刀库能存放加工所需的刀具数量	影响加工内容完整性
	换刀时间	带自动换刀装置的机床的主轴用刀与刀库中下一工序用刀交换所需的时间	影响加工效率
加工能力指标	每分钟最大金属切除率	单位时间内去除金属余量的体积	影响加工效率

 任务实施

数控车床的选择

如何从品种繁多、价格昂贵的数控设备中选择适合的设备，如何使这些设备在制造中充分发挥作用而且能满足加工要求，这些都是数控加工工艺设计中必须正确处理的问题。一般来说，数控车床的选择应从以下几个方面考虑。

微视频

认识数控车削加工

① 根据典型零件的工艺路线、加工工件的批量和拟订数控车床应具有的功能合理选择车床。

② 合理选择数控车床的另一个重要依据——满足典型零件的工艺要求。典型零件的工艺要求主要是零件的结构尺寸、加工范围和精度要求。根据精度要求，即工件的尺寸精度、形位精度和表面粗糙度的要求来选择数控车床。

③ 数控车床的选择还应考虑数控车床可靠性。可靠性是提高产品加工质量和生产效率的保证。数控车床的可靠性是指车床在规定条件下执行其功能时，可长时间稳定运行而不出故障，即平均无故障时间长；即使出了故障，短时间内能恢复，并重新投入使用。应选择结构合理、制造精良，并已批量生产的机床。

 ## 考核评价小结

（1）数控车床的认识与选择形成性考核评价（30%）

数控车床的认识与选择形成性考核评价由教师根据学生考勤、课堂表现等进行，评价见表 1-3。

表 1-3　数控车床的认识与选择形成性考核评价

小组	成员	考勤	课堂表现	汇报人	补充发言自由发言
1					
2					

（2）数控车床的认识与选择工艺设计考核评价（70%）

数控车床的认识与选择工艺设计考核评价由学生自评、小组内互评、教师评价三部分组成，评价见表 1-4。

表 1-4　数控车床的认识与选择工艺设计考核评价

项目名称							
序号	评价项目	扣分标准	配分	自评（15%）	互评（20%）	教评（65%）	得分
1	数控车床的组成	不正确，酌情扣分	15				
2	数控车床的分类	不清楚，酌情扣分	10				
3	数控车床规格的选择	不合理，酌情扣 10～20 分	20				
4	数控车床精度的选择	不合理，酌情扣 5～10 分	10				
5	数控车床系统的选择	不合理，酌情扣 5～15 分	15				
6	车床换刀装置的选择	不合理，酌情扣 5～10 分	10				

续表

项目名称							
序号	评价项目	扣分标准	配分	自评 （15%）	互评 （20%）	教评 （65%）	得分
7	数控车床功能的选择	不合理，酌情扣 5～10 分	10				
8	数控车床附件的选择	不合理，酌情扣 5～10 分	10				
互评小组				指导教师		项目得分	
备注				合计			

 ## 拓展练习

1. 简述数控车床有哪些分类。
2. 简述如何根据零件的技术要求合理选择数控车床。

项目 **2**
数控车刀认识与选择

 项目概述

　　数控车刀是数控车床中用于切削加工的刀具。俗话说"好马配好鞍"，再先进的数控机床，如果选择的数控刀具不对，那么就会严重影响它的性能发挥。本项目从"认识数控车刀"任务出发，重点学习数控车刀切削部分材料的性能、数控车刀的结构等。通过本项目学习，认识常见数控车刀，学会选择合适的数控车刀。

 教学目标

▶▶ **1. 知识目标**

① 认识数控车刀切削部分材料性能的要求。
② 熟悉常用数控车刀的切削部分的几何角度。
③ 掌握数控车刀几何要素的名称和主要作用。
④ 掌握数控车刀的前角、后角、主偏角、副偏角、刃倾角的选择原则，并能初步选择数控车刀。

▶▶ **2. 能力目标**

① 能正确选择数控车刀的几何角度。
② 能正确选择数控车刀。
③ 培养学生独立工作能力和安全文明生产习惯。

▶▶ **3. 素质目标**

① 培养学生具有"执着专注、精益求精、追求卓越"的工匠精神。
② 培养学生具有使智能制造数控车削工艺高端化的责任感和使命感。
③ 培养学生认真负责、踏实敬业的工作态度和严谨求实、一丝不苟的工作作风。

任务描述

数控车刀是机械制造中用于数控车削加工的工具。数控车刀包括切削用的刀头和刀杆等附件。数控车刀的选择是通过数控编程在人机交互状态下进行的，应根据机床的加工能力、工件材料的性能、加工工序安排、切削用量及其他相关因素进行合理的选择。

学海导航

大国工匠 - 胡双钱

 ## 相关知识

2.1 认识数控车刀

2.1.1 数控车刀切削部分材料性能的要求

数控车刀的使用寿命和生产效率取决于数控车刀材料的切削性能。数控车刀由刀头和刀杆两部分组成，刀杆一般是用碳素结构钢制成。由于刀头承担切削工作，因此刀头材料必须具有下列基本性能。

① 冷硬性。数控车刀在常温时具有较高的硬度，即数控车刀的耐磨性，一般数控车刀的常温硬度在 60HRC 以上。

② 红硬性。数控车刀在高温下保持切削所需的硬度，该硬度的最高值称为"红热硬度"，它是评定数控车刀材料切削性能好坏的重要标志。

③ 强度和韧性。指数控车刀切削部分承受振动和冲击负荷时所具有的强度和韧性。数控车刀在切削过程中要承受较大的切削力或冲击力，因此数控车刀材料必须具有足够的强度和韧性，才能防止数控车刀发生脆性断裂和崩刃。

几种常用的数控车刀如图 2-1 所示。

微课

数控车刀的认识
与选择（1）

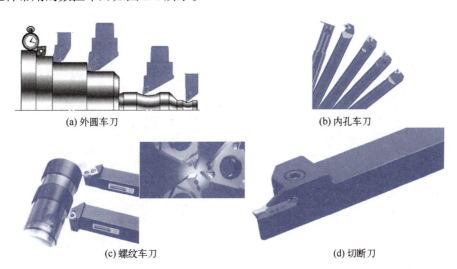

(a) 外圆车刀　(b) 内孔车刀　(c) 螺纹车刀　(d) 切断刀

图 2-1　几种常用的数控车刀

2.1.2 常用刀具材料

数控车刀切削部分材料主要有高速钢、硬质合金和非金属材料。下面分别介绍用作数控车刀刀头的两种主要材料——高速钢及硬质合金。

（1）高速钢

高速钢是一种含钨、铬、钒较多的合金钢，又名锋钢、风钢或白钢。常见高速钢牌号、力学性能、适用范围见表2-1，用得最多的是 W18Cr4V 高速钢，它的综合性能好，通用性强，可磨性好，适用于制造各种类型的数控车刀，但由于它的主要缺点是碳化物分布不均匀，热塑性差，因此不能用热成形方法制造数控刀具。

表 2-1 常见高速钢牌号、力学性能、适用范围

牌号	硬度（HRC）	抗弯强度/GPa	冲击韧性/（MJ/m²）	600℃时的硬度（HRC）	适用范围
W18Cr4V（W18）	63～66	3.0～3.4	0.2～0.3	48.5	加工一般钢与铸铁，可制造各种数控刀具，但不宜用热成形法制造数控刀具
W6Mo5Cr4V2（M2）	63～66	3.5～4.0	0.3～0.4	47～48	加工一般钢与铸铁，可制造轧制数控刀具及要求热塑性好的数控刀具和受冲击力大的数控刀具
W14Cr4VMnXt	64～66	约4.0	约0.31	50.5	加工一般钢与铸铁，可制造各种数控刀具
W9Mo3Cr4V	63～66	4.0～4.5	0.35～0.4	—	加工一般钢与铸铁，可制造各种数控刀具
W12Cr4V4Mo（EV4）	66～67	约3.2	约0.1	52	用于制造对耐磨性要求高的数控刀具
W6Mo5Cr4V3（M3）	65～67	约3.2	约0.25	51.7	用于制造对耐磨性要求高的数控刀具
W9Cr4V5	63～66	约3.2	约0.25	51	用于制造对耐磨性要求高的数控刀具
W6Mo5Cr4V2Co8（M36）	66～68	约3.0	约0.3	54	用于加工高温合金、钛合金、奥氏体不锈钢等难加工材料
W12Cr4V5Co5（T15）	66～68	约3.0	约0.25	54	用于加工高温合金、不锈钢等，但因难磨，不宜制造复杂数控刀具
W9Cr4V5Co3	—	—	—	—	用于加工高温合金、不锈钢等，但因难磨，不宜制造复杂数控刀具
W2Mo9Cr4VCo8（M41）	67～69	2.7～3.8	0.2～0.3	55	用于加工高强度钢、高温合金、钛合金等难加工材料，可制造各种数控刀具
W7Mo4Cr4V2Co5（M41）	67～69	2.5～3.0	0.2～0.3	54	用于加工高强度钢、高温合金、钛合金等难加工材料，可制造各种数控刀具
W9Mo3Cr4V3Co10	66～69	约2.4	0.2～0.3	54	用于加工高强度钢、高温合金、钛合金等难加工材料，可制造各种数控刀具
W12Cr4V3Mo3Co5Si	67～69	2.4～3.3	0.1～0.2	54	用于加工高强度钢、高温合金、钛合金等难加工材料，可制造各种数控刀具
W6Mo5Cr4V2Al	67～69	2.9～3.9	0.2～0.3	55	可代替高钴高速钢加工难加工材料
W6Mo5Cr4V5SiNbAl	66～68	3.6～3.9	0.2～0.3	51	可代替高钴高速钢加工难加工材料
W10Mo4Cr4V3Al	67～69	3.1～3.5	0.2～0.3	54	可代替高钴高速钢加工难加工材料

（2）硬质合金

硬质合金是由难熔材料碳化钨、碳化铁和钴粉末在高压下成形，经 1350 ～ 1560℃ 高温烧结而成的材料，具有极高的硬度，仅次于金刚石和陶瓷。硬质合金红硬性很好，在 1000℃ 左右仍能保持良好切削性能；具有较高的使用强度，其抗弯强度可高达 1000 ～ 1700MPa，但脆性大、韧性差、怕振动，以上这些缺点可通过刃磨合理的角度加以克服，因此，硬质合金已被广泛应用。

常用的硬质合金可根据其制造的合金元素不同，分为以下四类。

① 钨钴合金。它由碳化钨和钴组成，常温时的硬度为 87 ～ 92HRA，代号为 YG，常用牌号为 YG3、YG3X、YG6、YG6X、YG8、YG8C 等。其中 YG3X 及 YG6X 属于细颗粒碳化钨合金。钨钴合金冷硬性很高，韧性也较好，宜用于加工脆性材料，如金属蚀口铸铁，也可车削冲击性较大的工件。由于它的红硬度较差，在 600℃ 时，钨钴合金容易和切屑黏结，使刀头前面磨损，故不宜用于车削软钢等韧性金属。YG6X 细颗粒碳化钨合金耐磨性较好，其强度近似 YG6，因此车削冷硬合金铸铁、耐热合金钢及普通铸铁等都有良好效果。

② 钨钛钴合金。它由碳化钨、碳化钛及元素钴组成，代号用 YT 表示，常用的有 YT5、YT14、YT15、YT30 等牌号。钨钛钴合金的冷硬性能和红硬性能比硬质合金好，在高温条件下比钨钴合金耐热、耐磨、抗黏结，宜于加工钢料及其他韧性金属材料，但由于性脆，不耐冲击，故不宜加工脆性金属。

③ 钨钴钛铌合金。它是钨钴钛合金中的新产品，由碳化钨、碳化钛、钴、少量碳化铌组成，代号为 YW，常用牌号为 YW1、YW2。它的耐磨性和热硬性都比较好，适用于切削各种铸铁和特殊合金钢材，如不锈钢、耐热钢、高锰钢等较难加工材料。

④ 碳化钛基硬质合金。它以 TiC 为主要成分，Ni、Mo 作黏结金属，代号用 YN 表示。因 TiC 在所有碳化物中硬度最高，所以此类合金硬度很高，达 90 ～ 95 HRA，且有较高的耐磨性和抗月牙洼磨损的能力，有较好的耐热性和抗氧化能力，在 1000 ～ 1300℃ 高温下仍能切削，切削速度可达 300 ～ 400m/min。此外，该合金化学稳定性好，与工件材料亲和力小、摩擦因数小、抗黏结能力强。这种合金可以加工钢件，也可加工铸件，当前主要用于精加工及半精加工。其抗塑性变形、抗崩刃性差，不适用于重切削及断续切削。

在选用硬质合金时，应根据硬质合金本身性能特点、加工工件材料和切削条件等因素综合考虑。表 2-2 为国产常用硬质合金的牌号、成分及性能，可作为选择的参考。

表 2-2　国产常用硬质合金的牌号、成分及性能

牌号	密度 /（g/cm³）	硬度 （HRA）	抗弯强度 /GPa	相当的 ISO 牌号	使用性能	适用范围
YG610	14.4 ～ 14.9	93	1.2（120）	K01 ～ K10	属超细晶粒合金，具有高的耐磨性和耐热性，较好的强度和韧性	适用于冷硬铸铁、合金铸铁、喷焊、堆焊及 65HRC 以下的淬硬钢的连续切削
YG532	14	91	1.8（180）	K20 ～ K30	硬度高，韧性好，高温性能好，抗黏结，耐磨损，加工表面粗糙度参数值小	适用于奥氏体不锈钢、马氏体不锈钢、无磁钢、高温合金、合金铸铁等大件的粗、精加工
YT5 （YT2）	12.5 ～ 12.9	92.5	1.2（120）	P05	耐磨性高，耐热性较高，具有足够的高温硬度和韧性	适用于碳素钢、合金钢和高强度钢的高速精加工和半精加工，适用于淬硬钢及含钴较高的合金的加工

续表

牌号	密度 /（g/cm³）	硬度 （HRA）	抗弯强度 /GPa	相当的 ISO牌号	使用性能	适用范围
YT35	12.5～ 12.6	91.2	2.1（210）	P35	属超细晶粒合金，使用强度和抗冲击性能优良，耐磨性优于YT5	适用于各类钢材，尤其是锻、铸件的表皮粗车、粗铣和粗刨
YN10	6.3	92	1.1（110）	P05	属碳化钛基硬质合金，耐磨性和耐热性较高，抗振性差，焊接及刃磨性能优于YT30	适用于碳素钢、合金钢、不锈钢、工具钢及淬硬钢的连续面精切
YN5	5.9	93.3	0.95（95）	P01	属碳化钛基硬质合金，耐磨性接近陶瓷，耐热性极高，抗冲击及抗振性差	适用于淬硬钢、合金钢、不锈钢、铸铁和合金铸铁的高速精加工
YW3	12.7～ 13.3	92	1.4（140）	M10, M20	耐磨性及耐热性很高，抗冲击和抗振性能中等，韧性较好	适用于耐热合金钢、高强度钢、低合金超高强度钢的精加工和半精加工，也可在冲击小的情况下粗加工
YW4	12.1～ 12.5	92	1.3（130）	P10/M10	具有极高的耐热性和抗黏结性，通用性良好	适用于碳素钢、除镍基以外大多数合金钢、调质钢，适用于耐热不锈钢精加工

2.2 数控车刀结构

2.2.1 数控车刀切削部分的几何角度

微课

数控车刀的认识
与选择（2）

（1）刀具切削部分的组成

数控车刀切削部分的结构要素、几何角度等与斧头有许多共同的特征。刀具的切削部分如图2-2所示，各种多齿刀具或复杂数控刀具，就其一个刀齿而言，都相当于一把斧头的刀头。数控车刀由刀头（切削部分）和刀体（夹持部分）所组成。车刀的切削部分是由一尖、二刃、三面所组成，即一点二线三面，如图2-3所示。

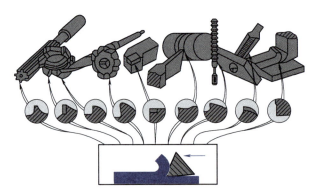

图 2-2　刀具的切削部分

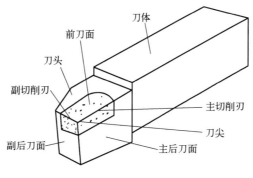

图 2-3　车刀的组成

① 前刀面。切屑流出时，刀头与切屑相接触的表面，又称前面，用符号 A_γ 表示。

② 主后刀面。刀头上与切削表面相对的表面，又称主后面，用符号 A_α 表示。

③ 副后刀面。刀头上与工件已加工表面相对的表面，又称副后面，用符号 A'_α 表示。

④ 主切削刃。前刀面与主后刀面的交线，它担负主要的切削工作。

⑤ 副切削刃。前刀面与副后刀面的交线，它起次要切削作用。

⑥ 刀尖。主切削刃与副切削刃的交点。

普通外圆数控车刀的刀头部分一般由三面、两刃和一尖组成，但切断刀则由两个副切削刃和两个刀尖组成。刀头部分的切削刃可以是直线，也可以是曲线，如样板数控车刀的切削刃就是曲线。

（2）辅助基准面

为了确定和测量数控车刀的几何角度，需要选择几个辅助平面作为基准面，如图 2-4 所示。

① 基面。通过主切削刃选定点并与该点切削速度方向相垂直的平面，用符号 P_r 表示。

② 切削平面。通过主切削刃选定点并与主切削刃相切，且垂直于基面的平面，用符号 P_s 表示。

③ 正交平面。通过主切削刃选定点且垂直于切削平面和基面的平面，用符号 P_0 表示。

当主切削刃与水平面平行时，切屑流出的方向接近于这一平面所处的位置，因此数控车刀上主要切削角度都在正交平面上进行测量，如前角、后角的测量。

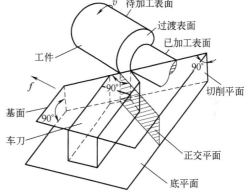

图 2-4　刀具的辅助基准面

（3）数控车刀的切削角度

数控车刀的切削角度共有 7 个，用于表示切削部分的几何形状，并可在主截面与上述 3 个基准面内度量，如图 2-5 所示。

① 前角 γ_0。前角是数控车刀前刀面与基面之间在正交平面投影的角度，用符号 γ_0 表示。它是数控车刀切削部分的主要工作角度，直接影响数控车刀主切削刃的锋利度和刃口强度。加大前角 γ_0，可以减小切屑变形和摩擦，降低切削力和切削热，切削起来较快，但另一方面前角过大，会削弱刀尖强度，减小散热能力，加剧刀具磨损。

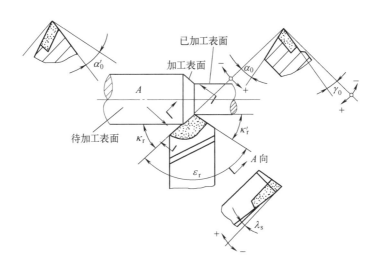

图 2-5　车刀的切削角度

② 后角 α_0。后角是指数控车刀后面与切削平面之间在正交平面的投影角度，用符号 α_0 表示。它影响主后刀面与过渡表面之间的摩擦情况。

③ 主偏角 κ_r。主偏角是指主切削刃与进给方向在基面上投影的夹角，用符号 κ_r 表示。它影响主切削刃参加工作的长度，并影响切削力的大小。

④ 副偏角 κ'_r。副偏角是指副切削刃与进给方向在基面上投影的夹角，用符号 κ'_r 表示。它影响已加工表面的粗糙度及副切削刃参加工作的长度。

⑤ 刀尖角 ε_r。刀尖角为主、副切削刃在基面上投影的夹角，用符号 ε_r 表示。刀尖角的大小影响刀尖的强度及导热能力。

⑥ 刃倾角 λ_s。刃倾角是指主切削刃与基面间的夹角，用符号 λ_s 表示。它主要影响排屑情况和刀尖承受冲击的能力。当刀尖是主切削刃最低点时，λ_s 为负值；当刀尖是主切削刃最高点时，λ_s 为正值；当刀刃与基面平行时，λ_s 为 $0°$。

⑦ 副后角 α'_0。副后角是指副后刀面与副切削刃切削平面间的夹角，用符号 α'_0 表示。其作用与后角 α_0 相似。

2.2.2　数控车刀几何角度选择

合理选择数控车刀几何参数，以保证零件加工精度、表面粗糙度，增大切削用量，减少数控车刀磨损，提高刀具耐用度，降低成本，提高生产效率。

（1）前角 γ_0

前角 γ_0 的大小主要与工件材料及刀具材料性能有关，选择前角 γ_0 时可考虑以下影响因素。

① 工件材料对前角选择的影响。车削塑性材料工件时，切屑呈带状，切削力集中在离主切削刃较远的前刀面上，刀尖不易受损。为减少变形，应取较大的前角。而车削脆性材料工件时，其切屑呈碎粒状，加上工件表面硬度高，通常含有杂质及砂眼、缩孔等缺陷，使刀尖附近集中了很大的冲击力，为保护刀尖，加工时一般情况下前角应取小些。在加工较硬材料工件时，因切削阻力大，应取较小的前角，以保证数控车刀刀刃强度。在加工铬锰钢、淬硬钢工件时，数控车刀前角通常磨成负前角，以增加数控车刀耐用度。

② 刀具材料对前角选择的影响。采用硬质合金、高速钢等不同刀具材料，切削时数控车刀前角的大小选择有所不同，高速钢数控车刀的前角一般比硬质合金数控车刀的前角大。

③ 加工特点对前角选择的影响。加工阶段不同，前角的选择也不同。粗加工时，切削深度大、切削时的冲击力大，为提高车削效率，应采用较小前角；精加工时，切削深度小、进给量小、切削时的冲击力小，为减少变形，提高精度，则前角可选择大些。

（2）后角 α_0

后角的选择原则是在保证刀具有足够的散热性能和强度的基础上，保证刀具的锋利和减少与工件的摩擦，一般不宜过大，否则会加速刀具磨损，降低刀具强度，从而造成崩刃。加工塑性材料时，工件表面弹性复原会与刀具后刀面发生摩擦，为了减少摩擦，应取较大的后角 α_0。加工脆性材料时，应取较小的后角。高速钢刀具后角 α_0 一般为 $6° \sim 12°$。

（3）主偏角 κ_r

主偏角 κ_r 主要用于改变刀具散热情况，适应机床、刀具、夹具系统的刚度。为了改善刀具散热情况，常采用较小的主偏角 κ_r。选择主偏角 κ_r 的原则：在机床、刀具、夹具刚度允许的范围内，主偏角 κ_r 应尽量小些，一般为 $45° \sim 75°$。但在车细长轴时，为了减少工件弯曲和振动，采用较大主偏角 κ_r，一般为 $75° \sim 90°$，车台阶轴时则取 $90°$。

（4）副偏角 κ_r'

副偏角 κ_r' 的主要作用是减少副切削刃与工件之间的摩擦，可以改善工件表面粗糙度及刀具散热情况。副偏角 κ_r' 一般为 $10° \sim 15°$。

（5）刃倾角 λ_s

刃倾角 λ_s 的作用是改变切屑流动方向，以增加刀尖强度。当刃倾角 λ_s 是负值时，切屑向已加工面方向流出，刀尖强度大些。当刃倾角 λ_s 是正值时，切屑向待加工方向流出，刀尖强度小。当刃倾角 λ_s 为 $0°$ 时，切削则垂直于刀刃方向流出。选取角度时，粗加工取负值，精加工取正值。一般刃倾角 λ_s 为 $-4° \sim 4°$。当微量切削时，为增加切削刃的锋利程度和切薄能力，可取 $\lambda_s = 45° \sim 75°$。当工艺系统刚度较差时，一般不宜采用负刃倾角，以避免增加径向力。

2.2.3 硬质合金数控车刀几何角度选择

为了数控车刀加工、调试方便，根据数控车刀的加工工艺特性和实际加工情况，对于硬质合金车刀，针对粗加工和精加工的不同特点，给出了合理的前角、后角参考值，见表 2-3。

表 2-3 硬质合金车刀合理的前角、后角参考值

工件材料种类	合理的前角 γ_0 参考值 / (°)		合理的后角 α_0 参考值 / (°)	
	粗车	精车	粗车	精车
低碳钢	$20 \sim 25$	$25 \sim 30$	$8 \sim 10$	$10 \sim 12$
中碳钢	$10 \sim 15$	$15 \sim 20$	$5 \sim 7$	$6 \sim 8$
合金钢	$10 \sim 15$	$15 \sim 20$	$5 \sim 7$	$6 \sim 8$
淬火钢	$-15 \sim -5$		$8 \sim 10$	
不锈钢（奥氏体）	$15 \sim 20$	$20 \sim 25$	$6 \sim 8$	$8 \sim 10$
灰铸铁	$10 \sim 15$	$5 \sim 10$	$4 \sim 6$	$6 \sim 8$

续表

工件材料种类	合理的前角 γ_0 参考值 / (°)		合理的后角 α_0 参考值 / (°)	
	粗车	精车	粗车	精车
铜及铜合金（脆）	10～15	5～10	6～8	6～8
铝及铝合金	30～35	35～40	8～10	10～12
钛合金（ $\sigma_b \leqslant 1.177\mathrm{GPa}$ ）	5～10		10～15	

注：粗加工用的硬质合金车刀，通常都有负倒棱及负刃倾角。

2.3 数控可转位刀片型号表示规则

根据《切削刀具用可转位刀片 型号表示规则》（GB/T 2076—2021），编号含义如下：

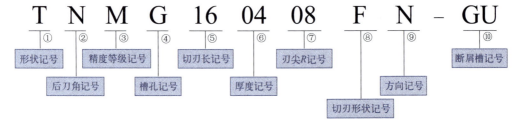

可转位刀片的型号表示规则用 9 个代号表征刀片的尺寸及其他特性。代号①～⑦是必须有的，代号⑧和⑨在需要时添加，见表 2-4。

表 2-4 刀片型号编号规则及对应的含义

代号	①	②	③	④	⑤	⑥	⑦	⑧	⑨	⑩
记号	T	N	M	G	16	04	08	F	N	
含义	刀片形状	刀片后刀角	允许偏差等级	夹固及断屑槽	主切削刃长度	刀片厚度	刀尖角形状	切削刃形状	切削方向	制造商代号

2.3.1 刀片形状

①表示刀片形状，见表 2-5。

表 2-5 刀片形状及角度

记号	刀片形状		顶角
C			80°
D		菱形	55°
E			75°
F			50°
V			35°
R	●	圆形	—

续表

记号	刀片形状		顶角
S	▢	正方形	90°
T	△	正三角形	60°
W	⬠	等边不等角六角形	80°
A	▱	平行四边形	85°
B	▱		82°
K	▱		55°
H	⬡	正六边形	120°
O	⯃	正八边形	135°
P	⬠	正五边形	108°
L	▭	长方形	90°
M	◇	菱形	86°

2.3.2　刀片后刀角

②表示刀片后刀角度，见表 2-6。

表 2-6　刀片法后角度

记号	后刀角	记号	后刀角
A	3°	F	25°
B	5°	G	30°
C	7°	N	0°
D	15°	P*	11°
E	20°	O	其他

注：带 * 的表示也有使用 10°的例外情况。

2.3.3　允许偏差等级

③表示刀片主要尺寸允许偏差等级，见表 2-7。主要允许偏差为三项：d 表示刀片内切圆直径；s 表示刀片厚度；m 表示内切圆与刀尖情况。m 值的度量分三种情况：第一种，刀片边数为奇数，刀尖为圆角；第二种，刀片边数为偶数，刀尖为圆角；第三种，刀片有修光刃。

表 2-7　允许偏差等级

等级代号		允许偏差 /mm		
		m	*s*	*d*
精密级	A	± 0.005	± 0.025	± 0.025
	F	± 0.005	± 0.025	± 0.013
	C	± 0.013	± 0.025	± 0.025
	H	± 0.013	± 0.025	± 0.013
	E	± 0.025	± 0.025	± 0.025
	G	± 0.025	± 0.130	± 0.025
	J	± 0.005	± 0.025	± 0.05 ～ ± 0.15
普通级	K	± 0.013	± 0.025	± 0.05 ～ ± 0.15
	L	± 0.025	± 0.025	± 0.05 ～ ± 0.15
	M	± 0.08 ～ ± 0.20	± 0.13	± 0.05 ～ ± 0.15
	N	± 0.08 ～ ± 0.20	± 0.025	± 0.05 ～ ± 0.15
	U	± 0.13 ～ ± 0.38	± 0.13	± 0.08 ～ ± 0.25

2.3.4　夹固及断屑槽

④表示刀片固定方式及有无断屑槽，见表 2-8。

表 2-8　有无断屑槽和中心固定孔

记号	孔的有无	孔的形状	断屑槽的有无	形状（断面）	记号	孔的有无	孔的形状	断屑槽的有无	形状（断面）
N	无	无	无		A	有	圆柱状	无	
R			单面		M			单面	
F			两面		G			两面	
W	有	圆柱孔 + 单面倒角（40°～60°）	无		B	有	圆柱孔 + 单面倒角（70°～90°）	无	
T			单面		H			单面	
Q	有	圆柱孔 + 双侧倒角（40°～60°）	无		C	有	圆柱孔 + 双侧倒角（70°～90°）	无	
U			两面		J			两面	
					X	—	—	—	特殊

2.3.5　主切削刃长度

⑤表示刀片主切削刃长度，见表 2-9。

表 2-9　主切削刃长度

形状	记号	切刃长/mm	内切圆	形状	记号	切刃长/mm	内切圆	形状	记号	切刃长/mm	内切圆
C 菱形80°	03	3.55	3.50	D 菱形55°	07	7.7	6.35	W 等边不等角六角形	03	3.8	5.56
	04	4.97	4.30		09	9.7	7.94		04	4.3	6.35
	06	6.4	6.35		11	11.6	9.525		05	5.4	7.94
	08	8.0	7.94		15	15.5	12.70		06	6.5	9.525
	09	9.7	9.525		19	19.4	15.875		08	8.7	12.70
	12	12.9	12.70	V 菱形35°	08	8.3	4.76		10	10.9	15.875
	16	16.1	15.875		09	9.7	5.56	R 圆形	08	8.0	8.0
	19	19.3	19.05		11	11.6	6.35		10	10.0	10.0
	25	25.8	25.4		16	16.6	9.525		12	12.0	12.0
S 正方形	06	6.35	6.35		22	22.1	12.7		12	12.70	12.70
	S7	7.14	7.14	T 正三角形	06	6.9	3.97		15	15.875	15.875
	07	7.94	7.94		08	8.2	4.76		16	16.0	16.0
	09	9.525	9.525		09	9.6	5.56		19	19.05	19.05
	12	12.70	12.70		11	11.0	6.35		25	25.0	25.0
	15	15.875	15.875		16	16.5	9.525		25	25.40	25.40
	19	19.05	19.05		22	22.0	12.70				
	25	25.40	25.40		27	27.5	15.875				
	31	31.75	31.75		33	33.0	19.05				

2.3.6　刀片厚度

⑥表示刀片厚度，是指主切削刃到刀片定位底面的距离，见表 2-10。

表 2-10　刀片厚度

代号	1	T1	2	3	T3	4	6	7	9
厚度/mm	1.59	1.98	2.38	3.18	3.97	4.76	6.35	7.94	9.525

2.3.7　刀尖角形状

⑦表示刀尖圆角半径或刀尖转角形状，见表 2-11。

表 2-11　刀尖圆角半径或刀尖转角形状

车刀		铣刀片			
代号	r/mm	代号	κ_r/ (°)	代号	α_n/ (°)
0	< 0.2			A	3
2	0.2	A	45	B	5
4	0.4			C	7
8	0.8	D	60	D	15
12	1.2	E	75	E	20
16	1.6	F	85	F	25
20	2			G	30
24	2.4	P	90	N	0
32	3.2			P	11

2.3.8　切削刃形状

⑧表示切削刃形状，见表 2-12。

表 2-12　切削刃形状

符号	F	E	T	S
说明	尖锐切削刃	倒圆切削刃	负倒棱切削刃	负倒棱加倒圆切削刃
简图				

2.3.9　切削方向

⑨表示切削方向，见表 2-13。

表 2-13　切削方向

符号	R	L	N
说明	右切	左切	左右切
简图			

2.3.10　刀片断屑槽形式及槽宽

⑩表示刀片断屑槽形式及槽宽，分别用一个英文字母及一个阿拉伯数字代表。在ISO编码中，是留给刀片厂家备用的号位，是用来标注刀片断屑槽的代码或代号。

2.4　数控可转位车刀型号编制规则

根据《可转位车刀及刀夹　第1部分：型号表示规则》(GB/T 5343.1—2007)，编号含义见表 2-14。

表 2-14　可转位车刀型号编制规则及对应含义

代号	①	②	③	④	⑤	⑥	⑦	⑧	⑨
记号	P	C	L	N	R	25	25	M	12
含义	夹紧方式	刀片形状	主偏角	法后角	切削方向	刀具高度	刀具宽度	刀柄长度	切削刃长度

外圆车刀的编号如下（ISO）：

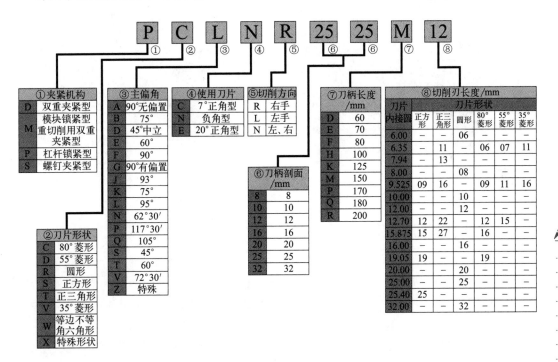

2.4.1　数控车刀刀片夹紧方式

数控车刀刀片夹紧方式有孔夹紧（P）、顶面和孔夹紧（M）、顶面夹紧（C）、螺钉通孔夹紧（S），如图 2-6 所示。每种夹紧方式又分为不同的夹紧方式，如图 2-7 山特维克公司生产的典型车刀片夹紧方式所示。

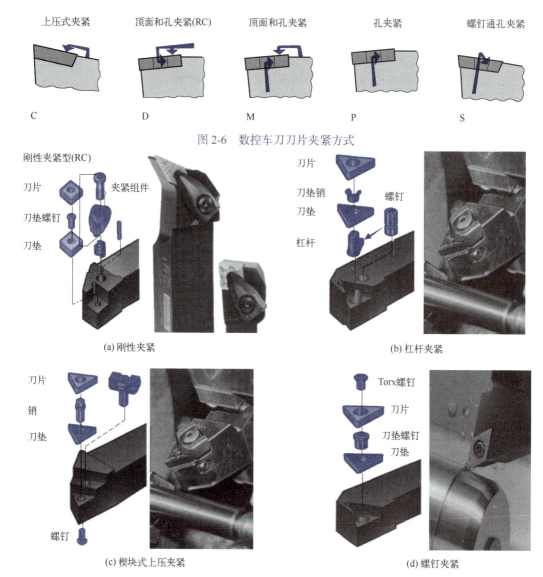

图 2-6 数控车刀刀片夹紧方式

(a) 刚性夹紧 (b) 杠杆夹紧

(c) 楔块式上压夹紧 (d) 螺钉夹紧

图 2-7 山特维克公司生产的典型车刀刀片夹紧方式

2.4.2 数控车刀刀片形状选择

数控车刀刀片外形与加工对象、主偏角、刀尖角和有效刃数有关。一般外圆车削常用 80°六边形（W 型）、四边形（S 型）和菱形 80°（C 型）刀片。仿形加工常用 55°（D 型）、35°（V 型）菱形和圆形（R 型）刀片。90°主偏角常用三角形（T 型）刀片。不同的刀片形状有不同的刀尖强度，一般刀尖角越大，刀尖强度越大，反之亦然。圆形刀片刀尖角最大，35°菱形刀片刀尖角最小。在选用时，应根据加工条件，按重、中、轻切削有针对性地选择。在车床刚性、功率允许的条件下，大余量、粗加工应选用刀尖角较大的刀片，反之，车床刚性和功率小、小余量、精加工时宜选用较小刀尖角的刀片。

2.4.3 数控车刀主偏角选择

数控车刀主偏角选择：粗车，可选 45°～90°；精车，可选 45°～75°；中间切入、仿形，可选 45°～ 107.5°。工艺系统刚性好时，可选较小值；工艺系统刚性差时，可选较大值。

2.4.4　数控车刀后角选择

数控车刀后角选择：常用刀片后角有 N（0°）、C（7°）、P（11°）、E（20°）型等。一般粗加工、半精加工可用 N 型。半精加工、精加工可用 C 型、P 型，也可用带断屑槽的 N 型刀片。加工铸铁、硬钢可用 N 型。加工不锈钢可用 C 型、P 型。加工铝合金可用 P 型、E 型等。一般镗孔刀片，选用 C 型、P 型，大尺寸孔可选用 N 型。

2.4.5　数控车刀左右手刀柄选择

左右手刀柄有 R（右手）、L（左手）和 N（左右手）三种选择。选择时要考虑机床刀架是前置式还是后置式，前刀面是向上还是向下，主轴的旋转方向以及需要的进给方向等。

2.4.6　数控车刀刀尖圆弧半径选择

刀尖圆弧半径的选择不仅影响切削效率，还关系到被加工表面的表面粗糙度及精度。刀尖圆弧半径与最大进给量有关，最大进给量不应超过刀尖圆弧半径尺寸的 80%，否则将恶化切削条件，甚至出现螺纹状表面和打刀等问题。因此，选择的刀尖圆弧半径应等于或大于零件车削最大进给量的 1.25 倍。当刀尖角小于 90°时，允许的最大进给量应下降。刀尖圆弧半径还与断屑的可靠性有关。为保证断屑，切削余量和进给量有一个最小值，当刀尖圆弧半径减小，所得到的这两个最小值也相应减小，因此，从断屑可靠出发，通常对于小余量、小进给车削加工作业应采用小的刀尖圆弧半径，反之宜采用较大的刀尖圆弧半径。刀尖圆弧半径、进给量、表面粗糙度之间的关系见表 2-15。

表 2-15　刀尖圆弧半径、进给量、表面粗糙度之间的关系

进给量 f/（mm/r）	Ra/μm			
	r_ε=0.4mm	r_ε=0.8mm	r_ε=1.2mm	r_ε=1.6mm
0.07	0.31	—	—	—
0.1	0.63	0.31	—	—
0.12	0.9	0.45	—	—
0.15	1.41	0.7	0.47	—
0.18	2.03	1.01	0.68	—
0.2	2.5	1.25	0.83	0.63
0.22	3.48	1.74	1.16	0.87
0.25	—	2.25	1.5	1.12
0.28	—	2.82	1.81	1.41

任务实施

根据数控零件特点合理进行数控车削刀片及数控车刀杆的选择。

考核评价小结

（1）数控车刀的认识与选择形成性考核评价（30%）

数控车刀的认识与选择形成性考核评价由教师根据学生考勤、课堂表现等进行，评价见表 2-16。

表 2-16　数控车刀的认识与选择形成性考核评价

小组	成员	考勤	课堂表现	汇报人	补充发言自由发言
1					
2					

（2）数控车刀的认识与选择工艺设计考核评价（70%）

数控车刀的认识与选择工艺设计考核评价由学生自评、小组内互评、教师评价三部分组成，评价见表 2-17。

表 2-17　数控车刀的认识与选择工艺设计考核评价

	项目名称						
序号	评价项目	扣分标准	配分	自评（15%）	互评（20%）	教评（65%）	得分
1	确定刀具类型	不合理，扣 5 ~ 10 分	20				
2	确定刀具材料	不合理，扣 5 分	25				
3	确定刀具角度	不合理，扣 5 ~ 10 分	20				
4	填写刀具卡片	不合理，扣 5 分	35				
互评小组				指导教师		项目得分	
备注				合计			

 ## 拓展练习

1. 硬质合金刀具与高速钢刀具相比，有哪些优点？
2. 数控车刀前角增大对数控车削有什么影响？

项目 3

台阶轴零件加工工艺

 项目概述

台阶轴零件是常见的零件之一。按轴类零件结构形式的不同，一般可分为光轴、台阶轴和异形轴三类，或分为实心轴、空心轴等。它们在机器中用来支承齿轮、带轮等传动零件，以传递转矩。台阶轴的加工工艺较为典型，反映了轴类零件加工的基本方法。

 教学目标

▶▶ **1. 知识目标**

① 熟悉台阶轴零件的加工路线。
② 熟悉台阶轴的工艺分析。
③ 熟悉台阶轴工艺路线的拟订。
④ 掌握台阶轴加工刀具、夹具的选择。

▶▶ **2. 能力目标**

① 能正确设计轴类零件的加工工艺卡。
② 能正确选择合适的台阶轴定位基准。
③ 能正确选择合适的台阶轴加工刀具。

▶▶ **3. 素质目标**

① 培养学生树立团队协作意识。
② 培养学生建设智能制造强国的理念。
③ 培养学生一丝不苟、实事求是的工作作风。

任务描述

学海导航

中国好青年宋彪

图 3-1 所示为某减速箱中的台阶轴零件。它由圆柱面、轴肩、环槽等组成。轴肩用来确定安装在轴上的零件的轴向位置，各环槽的作用是使零件装配时有一个正确的位置，以及磨削外圆时退刀方便；键槽用于安装键，以传递转矩。根据零件图，完成台阶轴工艺路线的拟订。

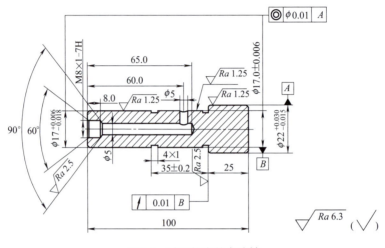

图 3-1 减速箱中的台阶轴

相关知识

3.1 台阶轴毛坯及材料分析

微课

台阶轴毛坯分析

3.1.1 轴类零件的毛坯和材料介绍

（1）轴类零件的毛坯

轴类零件可根据使用要求、生产类型、设备条件及结构，选用棒料、锻件等毛坯形式制造。对于外圆直径相差不大的轴，一般以棒料为主，而对于外圆直径相差大的台阶轴或重要的轴，常选用锻件，这样既节约材料又减少机械加工的工作量，还可改善其力学性能。

根据生产规模的不同，毛坯的锻造方式有自由锻和模锻两种。中小批生产多采用自由锻，大批大量生产时采用模锻。

（2）轴类零件的材料

轴类零件应根据不同的工作条件和使用要求选用不同的材料和不同的热处理（如调质、正火、淬火等），以获得一定的强度、韧性和耐磨性。

45 钢是制造轴类零件的常用材料，价格便宜，经过调质（或正火）后，可得到较好的切削性能，而且能获得较高的强度和韧性等综合力学性能，淬火后表面硬度可达 45 ～ 52HRC。

40Cr 等合金结构钢适用于制造中等精度而转速较高的轴类零件，这类钢经调质和淬火后，具有较好的综合力学性能。

GCr15 轴承钢和 65Mn 弹簧钢经调质和表面高频淬火后，表面硬度可达 50 ～ 58HRC，并具有较高的耐疲劳性能和较好的耐磨性能，可制造较高精度的轴。

精密机床的主轴可选用 38CrMoAIA 氮化钢制造。这种钢经调质和表面氮化后，不仅能获得很高的表面硬度，而且能保持较软的芯部，因此耐冲击韧性好。与渗碳淬火钢比较，它有热处理变形更小、硬度更高的特性。

3.1.2 轴类零件的功用、结构特点及技术要求

轴类零件是机器中经常使用的典型零件之一。它主要用来支承传动零部件，传递转矩和承受载荷。轴类零件是旋转体零件，其长度大于直径，一般由同心轴的外圆柱面、圆锥面、内孔和螺纹及相应的端面所组成。

长径比小于 5 的轴称为短轴，大于 20 的轴称为细长轴，大多数轴介于两者之间。

轴用轴承支承，与轴承配合的轴段称为轴颈。轴颈是轴的装配基准，它们的精度和表面质量一般要求较高，其技术要求一般根据轴的主要功用和工作条件制订，通常有以下几项。

（1）尺寸精度

起支承作用的轴颈为了确定轴的位置，通常对其尺寸精度要求较高（IT5 ～ IT7）。装配传动件的轴颈的尺寸精度一般要求较低（IT6 ～ IT9）。

（2）几何形状精度

轴类零件的几何形状精度主要是指轴颈、外锥面、莫氏锥孔等的圆度、圆柱度等，一般应将其公差限制在尺寸公差范围内。对精度要求较高的内外圆表面，应在图纸上标注其允许偏差。

（3）相互位置精度

轴类零件的位置精度主要是由轴在机器中的位置和功用决定的。通常应保证装配传动件的轴颈对支承轴颈的同轴度要求，否则会影响传动件的传动精度，并产生噪声。普通精度的轴，其配合轴段对支承轴颈的径向圆跳动一般为 0.01 ～ 0.03mm；高精度轴（如主轴）通常为 0.001 ～ 0.005mm。

（4）表面粗糙度

一般与传动件相配合的轴颈表面粗糙度 $Ra2.5 ～ 0.63\mu m$，与轴承相配合的支承轴颈的表面粗糙度 $Ra0.63 ～ 0.16\mu m$。

3.1.3 台阶轴的加工工艺分析

台阶轴的加工工艺较为典型，反映了轴类零件加工的大部分内容与基本规律。下面就以图 3-1 所示某减速箱中的台阶轴为例，介绍一般台阶轴的加工工艺。

零件图是制订工艺规程最主要的原始资料。通过分析零件图和装配图，了解产品的性能、用途和工作条件，明确各零件的相互装配位置和作用，了解零件的主要技术要求，找出生产合格产品的关键技术问题。零件图的分析包括以下三项内容。

（1）检查零件图的完整性和正确性

主要检查零件图是否表达得直观、清晰、准确、充分；尺寸、公差、技术要求是否合理、齐全。如有错误或遗漏，应提出修改意见。

（2）分析零件材料选择是否恰当

零件材料的选择应立足于国内，尽量采用我国生产的材料，尽量避免采用贵重的金属。同时，所选材料必须满足使用要求且具有良好的加工性。

（3）分析零件的技术要求

零件的技术要求包括零件加工表面的尺寸精度、形状精度、位置精度、表面粗糙度、表面微观质量及热处理等要求。主要分析零件的这些技术要求在保证其使用性能的前提下是否经济合理，以及在企业现有生产条件下是否能够实现。零件图分析之后，紧接着应确定毛坯类型。正确选择毛坯类型有着重要的技术经济意义。

对于图 3-1 所示台阶轴零件的分析包括以下几点。

① 该零件结构简单，轴的外圆需要磨削加工，为了保证轴的同轴度要求，所以选择双顶尖孔定位。

② ϕ22mm（上偏差 +0.03mm；下偏差 -0.015mm）外圆尺寸的公差等级为 IT8 ～ IT9，对公共轴心线的圆跳动公差为 0.01mm。

③ ϕ17mm（上偏差 +0.006mm；下偏差 -0.018mm）外圆尺寸的公差等级为 IT7 ～ IT8，对公共轴心线的同轴度公差为 0.01mm。

④ M8 螺纹孔的尺寸精度要达到 7 级。

⑤ 表面粗糙度要求：ϕ22mm 和 ϕ17mm 外圆的表面粗糙度要求较高（Ra1.25μm），所以要进行磨削加工，切槽部分的表面粗糙度要求为 Ra2.5μm，其余为 Ra10μm。

分析完零件图后，根据各表面的结构形状、尺寸、精度和表面粗糙度等技术要求，确定加工方法、加工阶段，划分工序和安排加工顺序。

根据该零件的要求，毛坯材料为棒料，具体为 40Cr 合金钢。其经调质后具有良好的综合力学性能，用于制造中速、中载的零件，如机床齿轮、轴、蜗杆、花键轴等，它可以代用 40MnB、45MnB、35SiMn、42SiMn、40MnVB 等。

零件总长为 100mm，粗车 ϕ22mm（上偏差 +0.03mm；下偏差 -0.015mm）外圆留加工余量 1mm，ϕ17mm（上偏差 +0.006mm；下偏差 -0.018mm）外圆留加工余量 0.2 ～ 0.3mm，调头车 ϕ22mm（上偏差 +0.03mm；下偏差 -0.015mm）外圆留加工余量 0.2 ～ 0.3mm，切两处槽至尺寸，所以选择的零件毛坯尺寸为 ϕ25mm × 105mm 棒料。

3.2 台阶轴的工艺分析

微课

台阶轴工艺分析

零件的结构工艺性是指所设计的零件在不同类型的具体生产条件下，零件毛坯的制造、零件的加工和产品的装配所具备的可行性和经济性。零件结构工艺性涉及面很广，具有综合性，必须全面综合分析。零件的结构对机械加工工艺过程的影响很大，不同结构的两个零件尽管都能满足使用要求，但它们的加工方法和制造成本却可能有很大的差别。所谓具有良好的结构工艺性，应是在不同生产类型的具体生产条件下，对零件毛坯的制造、零件的加工和产品的装配，都能以较高的生产率和最低的成本、采用较经济的方法进行并能满足使用性能。

（1）应遵循的原则

① 零件的结构、形状应便于加工、测量，加工表面应尽量简单，并尽可能布置在同一平面或同一轴线上，以利于提高切削效率。

② 不需要加工的毛坯面或要求不高的表面，不要设计成加工面或高精度、低表面粗糙度值要求的表面。

③ 零件的结构、形状应能使零件在加工中定位准确、夹紧可靠，有位置精度要求的表面，最好能在一次安装中加工。

④ 零件的结构应有利于使用标准刀具加工和通用量具测量，以减少专用刀具、量具的设计与制造。同时应尽量与高效率机床和先进的工艺相适应。

（2）台阶轴零件的加工工艺

1）定位基准的选择

工件在加工时，用以确定工件对机床及刀具相对位置的表面称为定位基准。最初工序中所用定位基准是毛坯上未经加工的表面，称为粗基准。在其后各工序加工中所用定位基准是已加工的表面，称为精基准。

该零件属于小轴类零件，结构简单，轴的外圆面需要磨削加工，为了保证轴的同轴度要求，选择双顶尖孔定位。

2）零件表面加工方法的选择

零件表面的加工，应根据这些表面的加工要求、零件的结构特点及材料性质等因素选用相应的加工方法。

在选择某一表面的加工方法时，一般总是首先选定它的最终加工方法，然后再逐一选定各有关前道工序的加工方法。

3）加工顺序的安排

① 加工阶段的划分。

按加工性质和作用的不同，工艺过程一般分为三个加工阶段。

a. 粗加工阶段。主要是切除各加工表面上的大部分余量，所用精基准的粗加工则在本阶段的最初工序中完成。图 3-1 中轴在加工过程中需粗车 ϕ22mm 外圆，留加工余量 1mm。

b. 半精加工阶段。为各主要表面的精加工做好准备（达到一定精度要求并留有精加工余量），并完成一些次要表面的加工。此轴在加工过程中半精车 ϕ22mm、ϕ17mm 外圆，留加工余量 0.2 ～ 0.3mm。

c. 精加工阶段。使各主要表面达到规定的质量要求，部分精密零件还需精磨后达到尺寸要求，例如，此轴需经过粗磨留 0.1mm 余量用于精磨，从而达到图纸要求。

此外，在加工某些精密零件时，还有精整（超精磨、镜面磨、研磨和超精加工等）或光整（滚压、抛光等）加工阶段。

下列情况可以不划分加工阶段。加工质量要求不高或虽然加工质量要求较高，但毛坯刚性好、精度高的零件，就可以不划分加工阶段；特别是用加工中心加工时，对于加工要求不太高的大型、重型工件，在一次装夹中完成粗加工和精加工，往往也不划分加工阶段。

轴的左端有 M8×1-7H 螺孔，为达到双顶尖定位的目的，螺孔加工的步骤是先钻 ϕ5mm 的孔，接着钻螺纹孔的小径（深 8mm），但不攻螺纹孔，而增加锪孔倒角 90° 工步。在后面的工序中就可以用 60° 倒角定位了。

② 划分加工阶段的作用。

a. 避免毛坯内应力重新分布而影响获得的加工精度。

b. 避免粗加工时较大的夹紧力和切削力所引发的弹性变形和热变形对精加工的影响。

c. 粗、精加工阶段分开，可较及时发现毛坯的缺陷，避免不必要的损失。

d. 可以合理使用机床，使精密机床能较长期地保持其精度。

 任务实施

台阶轴工艺路线的拟订

微课

台阶轴工艺路线拟订

机械加工工艺路线的拟订是制订工艺过程的总体布局，其主要任务是选择各个表面的加工方法和加工方案，确定各个表面的加工顺序以及整个工艺过程中的工序数和各工序内容。拟订过程中应首先确定每步工序的加工定位基准和装夹方法，然后再将所需的调质处理等工序合理插入工序表中，得到机械加工工艺路线。

工艺路线的拟订是制定工艺过程的关键，它制定得是否合理，直接影响工艺过程的合理性、科学性和经济性。工艺路线拟订的主要内容包括工序集中与分散的程度、合理选用机床和刀具、确定所用夹具的大致结构等。关于工艺路线的拟订，经过长期的生产实践已总结出一些带有普遍性的工艺设计原则，但在具体拟订时，特别要注意根据生产实际灵活应用。

（1）加工工艺路线的拟订

本产品的生产批量为 500 件，属于小批量生产。综上所述，该零件的加工工艺路线如下。

① 车端面，钻顶尖孔。

② 粗车外圆 ϕ22mm（上偏差 +0.03mm；下偏差 -0.015mm），留加工余量 1mm。

③ 调头，车另一端面，长度至尺寸，钻 ϕ5mm、深 65mm 的孔，钻螺纹孔小径深 8mm，倒 90° 倒棱，孔口倒 60° 角。

④ 精车 ϕ17mm（上偏差 +0.006mm；下偏差 -0.018mm）和 ϕ17mm（上偏差 +0.006mm；下偏差 -0.006mm）外圆，留加工余量 0.2 ~ 0.3mm。

⑤ 调头，精车 ϕ22mm（上偏差 +0.03mm；下偏差 -0.015mm）外圆，留加工余量 0.2 ~ 0.3mm，切两处槽至尺寸。

⑥ 钻 ϕ5mm 的径向孔。

⑦ 粗磨外圆 ϕ22mm（上偏差 +0.03mm；下偏差 -0.015mm）、ϕ17mm（上偏差 -0.006mm；下偏差 -0.018mm），留加工余量 0.1mm。

⑧ 精磨外圆 ϕ22mm（上偏差 +0.03mm；下偏差 -0.015mm）、ϕ17mm（上偏差 -0.006；下偏差 -0.018mm），留加工余量 0.05mm。

⑨ 初珩磨外圆 ϕ22mm（上偏差 +0.03mm；下偏差 -0.015mm）到图面尺寸要求。

⑩ 终珩磨外圆 ϕ17mm（上偏差 +0.006mm；下偏差 -0.018mm）到图面尺寸要求。

⑪ 攻螺纹 M8×1-7H。

⑫ 最终检查。

⑬涂油入库。

（2）夹具的选择

该台阶轴零件应该采用三爪自定心卡盘装夹。其安装方便、安装精度较高，能够满足使用要求。

（3）刀具的选择

刀具的选择是在数控编程的人机交互状态下进行的。应根据机床的加工能力、工件材料的性能、加工工序、切削用量以及其他相关因素正确选用刀具及刀柄。刀具选择总的原则是安装调整方便、刚性好、耐用度和精度高。在满足加工要求的前提下，尽量选择较短的刀柄，以提高刀具加工时的刚性。选取刀具时，要使刀具的尺寸与被加工工件的表面尺寸相适应。

根据零件的要求，所选刀具材料应具备高的硬度和耐磨性，足够的强度和韧性，较好的热硬度，良好的工艺性和经济性。根据零件加工工序选择相应的刀具。

从图 3-1 所示的零件图来看，该加工过程需要的刀具有 90° 外圆车刀、45° 端面刀、中心钻、切槽刀、麻花钻、丝锥。台阶轴的刀具卡片见表 3-1。

表 3-1 台阶轴的刀具卡片

工步	工步内容	刀具号	刀具规格	刀具材料
1	车端面	T1	45° 端面刀	碳素工具钢
2	钻顶尖孔	T2	中心钻	高速钢
3	车外圆	T3	90° 外圆车刀	合金钢
4	钻孔	T4	ϕ5mm 麻花钻	硬质合金钢
5	钻螺纹孔	T5	ϕ6.8mm 麻花钻	高速钢
6	切槽刀	T6	宽 4mm 的切槽刀	合金钢
7	攻螺纹	T7	M8 的丝锥	硬质合金钢

（4）台阶轴零件的工艺过程卡

根据台阶轴零件，填写工艺过程卡，见表 3-2。

表 3-2 台阶轴零件的工艺过程卡

材料	40Cr	毛坯种类	棒料	毛坯尺寸	ϕ25mm × 105mm	加工设备
序号	工序名称	工作内容				
1	备料	ϕ25mm × 105mm				锯床
2	热处理	正火				热处理车间
3	车工	粗精车端面，粗车外轮廓，留精车余量，精车轮廓				CET112
4	车工	调头装夹，粗精车端面，保证总长，粗车外轮廓，精车轮廓				CET112
5	车工	钻孔，钻螺纹孔				C620
6	车工	切槽				CET112
7	车工	攻螺纹				C620
8	钳工	去毛刺				手工
9	检验	按图纸要求检验				检验台
编制		审核		批准		共 页　第 页

（5）填写台阶轴零件机械加工工序卡

根据台阶轴零件填写工序卡，见表 3-3。

表 3-3 台阶轴零件机械加工工序卡

全工序		机械工序卡	产品型号		
			产品名称		阶梯轴
			设备	夹具	量具
			CET112	三爪卡盘	千分尺、游标卡尺
			程序号	工序工时	
				准终工时	单件工时

工步号	工步内容	切削参数				冷却方式	刀号
		v_c /（m/min）	n /（r/min）	a_p /mm	f /（mm/min）		
5	检查毛坯尺寸						
10	夹毛坯任一端，车右端面，钻顶尖	180	1000	1	300	水冷	T1、T2
15	粗车外圆 ϕ22mm（上偏差 +0.03mm；下偏差 -0.015mm），留加工余量 1mm	180	1000	2	300	水冷	T3
20	调头，车另一端面，长度至尺寸，钻 ϕ5mm、深 65mm 的孔，钻螺纹孔小径深 8mm，倒 90° 倒棱，孔口倒 60° 角	180	1000	2	300	水冷	T3、T5
25	精车 ϕ17mm（上偏差 +0.006mm；下偏差 -0.018mm）和 ϕ17mm（上偏差 +0.006mm；下偏差 -0.006mm）的外圆，留加工余量 0.2～0.3mm	200	1500	0.3	150	水冷	T3
30	调头，精车 ϕ22mm（上偏差 +0.03mm；下偏差 -0.015mm）外圆，留加工余量 0.2～0.3mm，切两处槽至尺寸	200	1500	0.3	150	水冷	T3、T6
35	钻 ϕ5mm 的径向孔		400		60		T4
40	粗磨外圆 ϕ22mm（上偏差 +0.03mm；下偏差 -0.015mm）、ϕ17mm（上偏差 +0.006mm；下偏差 -0.018mm），留加工余量 0.1mm	180	1000	1	300	水冷	T3
45	精磨外圆 ϕ22mm（上偏差 +0.03mm；下偏差 -0.015mm）、ϕ17mm（上偏差 +0.006mm；下偏差 -0.018mm），留加工余量 0.05mm	200	1500	0.3	150	水冷	T3
50	初珩磨外圆 ϕ22mm（上偏差 +0.03mm；下偏差 -0.015mm）到图面尺寸要求	180	1000	1	200	水冷	T3

续表

工步号	工步内容	切削参数				冷却方式	刀号
		v_c / (m/ min)	n / (r/min)	a_p /mm	f / (mm/ min)		
55	终珩磨外圆 ϕ17mm（上偏差 +0.006mm；下偏差 -0.018mm）到图面尺寸要求	200	1500	0.3	150	水冷	T3
60	攻螺纹 M8×1-7H						T7
65	检验，入库						
		设计	校对	审核	标准化		会签
标记	处数	更改文件号					

考核评价小结

（1）台阶轴零件形成性考核评价（30%）

台阶轴零件形成性考核评价由教师根据学生考勤、课堂表现等进行，评价见表 3-4。

表 3-4　台阶轴零件形成性考核评价

小组	成员	考勤	课堂表现	汇报人	补充发言自由发言
1					
2					
3					

（2）台阶轴零件工艺设计考核评价（70%）

台阶轴零件工艺设计考核评价由学生自评、小组内互评、教师评价三部分组成，评价见表 3-5。

表 3-5 台阶轴零件工艺设计考核评价

序号	评价项目	扣分标准	配分	自评（15%）	互评（20%）	教评（65%）	得分
	项目名称						
1	定位基准的选择	不合理，扣 5～10 分	10				
2	确定装夹方案	不合理，扣 5 分	5				
3	拟订工艺路线	不合理，扣 10～20 分	20				
4	确定加工余量	不合理，扣 5～10 分	10				
5	确定工序尺寸	不合理，扣 5～10 分	10				
6	确定切削用量	不合理，扣 1～10 分	10				
7	机床夹具的选择	不合理，扣 5 分	5				
8	刀具的确定	不合理，扣 5 分	5				
9	工序图的绘制	不合理，扣 5～10 分	10				
10	工艺文件内容	不合理，扣 5～15 分	15				
互评小组			指导教师			项目得分	
备注			合计				

 拓展练习

完成如图 3-2 所示的台阶轴的工艺过程卡和机械加工工序卡。

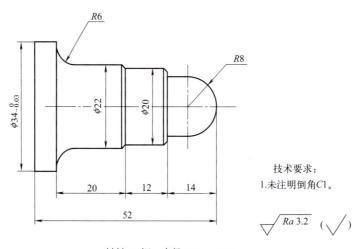

材料 45 钢，直径 ϕ40mm × 55mm

技术要求：
1. 未注明倒角C1。

$\sqrt{Ra\ 3.2}$ （ $\sqrt{}$ ）

图 3-2 台阶轴零件图

项目 4

螺纹轴零件加工工艺

 项目概述

  螺纹轴是一种常见的连接零件，如图 4-1 所示。通过对其加工工艺的设计，把螺纹加工的基础知识融入其中，使学生掌握螺纹的基本概念以及螺纹的加工方法。本项目通过对螺纹轴零件的加工，使学生掌握螺纹的基本概念、车削螺纹刀具的选择及螺纹的加工方法。

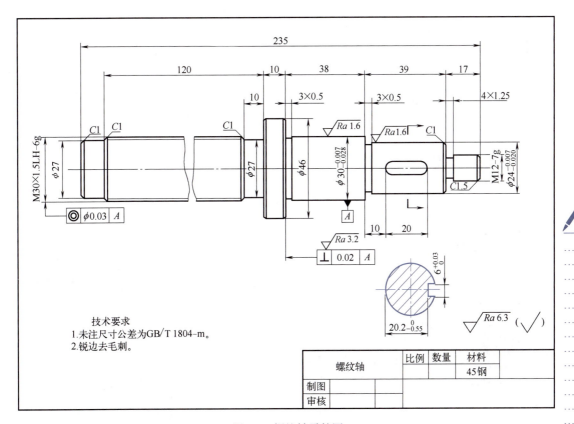

图 4-1 螺纹轴零件图

教学目标

▶▶ 1. 知识目标

① 了解螺纹的基本知识。
② 掌握螺纹加工方法。
③ 掌握螺纹加工刀具的选择。
④ 了解螺纹切削的原理。

▶▶ 2. 能力目标

① 能正确对螺纹轴零件进行加工工艺设计。
② 能运用车削加工的相关知识，根据车工职业规范，完成对螺纹轴零件的加工。
③ 初步具备操作机床加工零件的能力。

▶▶ 3. 素质目标

① 培养学生团队协作意识。
② 培养学生认真负责、踏实敬业的工作态度，严谨求实、一丝不苟的工作作风。
③ 培养学生不怕困难，勇于挑战智能制造新工艺的精神。

学海导航

大国工匠 - 顾秋亮

任务描述

机器制造中很多零件都带有螺纹。螺纹的用途十分广泛，既有用作连接的，也有用作传递动力的。螺纹种类很多，加工方法多种多样。本项目将针对螺纹轴零件完成机械加工工艺拟订。

相关知识

4.1 零件工艺分析

微课

螺纹零件工艺分析

如图 4-1 所示，该螺纹轴零件由端面、外圆柱面、螺纹以及键槽组成，零件有同轴度公差 ϕ0.03mm 和垂直度公差 0.02mm 的要求。

4.1.1 螺纹轴零件材料

该螺纹轴零件选用 45 钢。45 钢是制造机械零件的常用材料，价格便宜，经过调质处理后，可得到较好的切削性能，而且能获得较高的强度和韧性等综合力学性能，淬火后表面硬度可达 45～52HRC。

4.1.2　螺纹轴零件的加工技术要求

① 尺寸要求。螺纹轴的外圆直径分别为 $\phi27mm$、$\phi46mmm$，$\phi30_{-0.028}^{-0.007}\ mm$、$\phi24_{-0.020}^{-0.007}\ mm$；螺纹尺寸为 M30×1.5LH-6g、M12-7g。

② 表面粗糙度。两外圆柱面表面粗糙度值为 $Ra1.6\mu m$，轴肩的表面粗糙度值为 $Ra3.2\mu m$，其余为 $Ra6.3\mu m$。

③ 几何公差。M30×1.5LH-6g 螺纹轴线与 $\phi30_{-0.028}^{-0.007}\ mm$ 外圆轴线的同轴度为 $\phi0.03mm$，轴肩与 $\phi30_{-0.028}^{-0.007}\ mm$ 外圆轴线的垂直度为 0.02mm。

④ 其他技术要求。未注尺寸公差为 GB/T 1804-m，即图样上未注公差的线性尺寸均按中等级加工和检验。

4.2　预备基础知识

4.2.1　螺纹的基本知识

（1）螺纹的定义和分类

螺纹是在圆柱或圆锥母体表面上制出的螺旋线形的、具有特定截面的连续凸起部分。凸起是指螺纹两侧面的实体部分，又称牙。

微课

螺纹基本知识

螺纹的种类很多，按用途不同可分为连接螺纹和传动螺纹；按牙型特点可分为矩形螺纹、三角形螺纹、梯形螺纹和锯齿形螺纹，如图 4-2 所示；按螺旋线方向可分为右旋螺纹和左旋螺纹；按螺旋线的多少又可分为单线螺纹和多线螺纹。

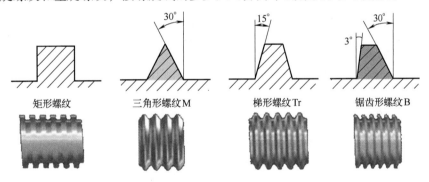

矩形螺纹　　三角形螺纹 M　　梯形螺纹 Tr　　锯齿形螺纹 B

图 4-2　螺纹牙型

（2）螺纹主要几何参数

① 大径，与外螺纹牙顶或内螺纹牙底相重合的假想圆柱体直径。螺纹的公称直径即大径。

② 小径，与外螺纹牙底或内螺纹牙顶相重合的假想圆柱体直径。

③ 中径［母］线，通过牙型上凸起和沟槽两者宽度相等的假想的圆柱体的母线。

④ 螺距，相邻两牙在中径线上对应两点之间的轴向距离。

⑤ 导程，同一螺旋线上相邻牙在中径线上对应两点之间的轴向距离。

⑥ 牙型角，在螺纹牙型上，两相邻牙侧之间的夹角。

⑦ 螺纹升角，在中径圆柱上，螺旋线的切线与垂直于螺纹轴线的平面之间的夹角。

⑧ 螺纹接触高度，在两个相互配合的螺纹的牙型上，牙侧重合部分在垂直于螺纹轴线方向上的距离。

螺纹的公称直径，除管螺纹以管子内径为公称直径外，其余都以大径为公称直径。螺纹已经标准化，有米制、美制和英制，我国采用米制。

螺纹升角小于摩擦角的螺纹副，在轴向力作用下不松转，称为自锁，其传动效率低。圆柱螺纹中，三角形螺纹自锁性能好。螺纹分为粗牙和细牙两种，一般连接多用粗牙螺纹。细牙螺纹的螺距小，螺纹升角小，自锁性能更好，常用于细小零件薄壁管中，振动或变载荷的连接中，以及微调装置等。

圆锥螺纹的牙型为三角形，主要靠牙的变形来保证螺纹副的紧密性，多用于管件。

4.2.2 螺纹车削刀具

微课

螺纹车削刀具

（1）普通三角形螺纹车刀

螺纹车刀属于成形刀具，要保证螺纹牙型精度，必须正确刃磨和安装车刀。

1）对于螺纹车刀的要求

① 车刀的刀尖角一定要等于螺纹的牙型角。

② 精车时车刀的纵向前角应等于 0°；粗车时允许有 5°～15° 的纵向前角。

③ 因受螺纹升角的影响，车刀两侧面的静止后角应刃磨得不相等，进给方向后面的后角较大，一般应保证两侧面均有 3°～5° 的工作后角。

④ 车刀两侧刃的直线性要好。

2）车刀从材料上分类

车刀从材料上分为高速钢螺纹车刀和硬质合金螺纹车刀两种。

① 高速钢螺纹车刀。高速钢螺纹车刀刃磨方便、切削刃锋利、韧性好，能承受较大的切削冲击力，车出螺纹的表面粗糙度值小。但它的耐热性差，不宜高速车削，所以常用于低速车削或作为螺纹精车刀。高速钢三角形外螺纹车刀的几何形状如图 4-3 所示。

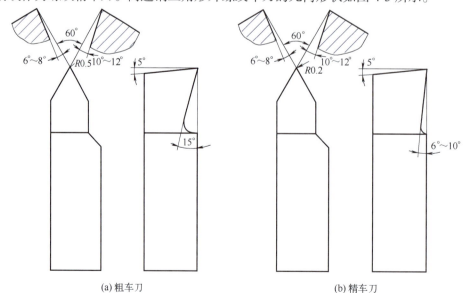

(a) 粗车刀　　　　　　　　　(b) 精车刀

图 4-3　高速钢三角形外螺纹车刀的几何形状

　　高速钢三角形外螺纹车刀的刀尖角一定要等于牙型角。当车刀的纵向前角 γ_0=0°时，车刀两侧刃之间的夹角等于牙型角；若纵向前角不为 0°，车刀两侧刃不通过工件轴线，车出螺纹的牙型不是直线而是曲线。当车削精度要求较高的三角形螺纹时，一定要考虑纵向前角对牙型精度的影响。为车削顺利，纵向前角常选在 5°～15°，这时车刀两侧刃的夹角不能等于牙型角，而应当比牙型角小 30′～1°30′。纵向前角不能选得过大，若纵向前角过大，不仅影响牙型精度，而且还容易引起扎刀现象。

　　车螺纹时，由于螺纹升角的影响，造成切削平面和基面的位置变化，从而使车刀工作时前角和后角与车刀静止时的前角和后角不相等。螺纹升角越大，对工作时的前角和后角影响越明显。

　　当车刀的静止前角为 0°时，螺纹升角能使进给方向一侧刀刃的前角变为正值，而使另一侧前角变为负值，使切削不顺利、排屑也困难。为改善切削条件，应采取垂直装刀方法，即让车刀两侧刃组成的平面和螺旋线方向垂直，使两侧刃的工作前角均为 0°；或在车刀前刀面上沿两侧切削刃方向磨出较大前角的卷屑槽。

　　螺纹升角能使车刀沿进给一面的工作后角变小，而使另一面的工作后角增大。为切削顺利，保证车刀强度，车刀刃磨时，一定要考虑螺纹升角的影响，把进给方向一面的后角磨成工作后角加上螺纹升角，即（3°～5°）+ϕ；另一面的后角磨成工作后角减去一个螺纹升角，即（3°～5°）-ϕ。

　　② 硬质合金螺纹车刀。硬质合金螺纹车刀的硬度高、耐磨性好、耐高温，但抗冲击能力差，常见的硬质合金三角形外螺纹车刀的几何形状如图 4-4 所示。

　　（2）矩形螺纹车刀

　　矩形螺纹车刀和切断刀的形状相似，切断刀两侧后角相等，而矩形螺纹车刀受螺纹升角的影响，两侧后角刃磨得不相等。矩形螺纹车刀的几何形状如图 4-5 所示。

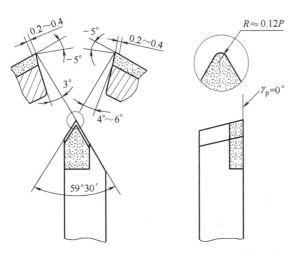

图 4-4　硬质合金三角形外螺纹车刀的几何形状

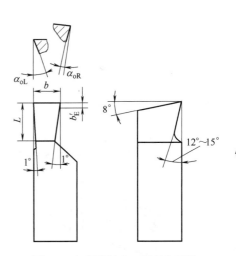

图 4-5　矩形螺纹车刀的几何形状

　　对矩形螺纹车刀的要求主要有以下几点。

　　① 精车刀的刀头宽度一定要等于牙槽宽度，即 b=P/2+（0.02～0.04）mm。

　　② 刀头长度一定要大于槽宽度，即 L=P/2+（2～4）mm。

　　③ 进给方向一侧的后角要大于另一侧的后角。车削右旋矩形螺纹时，α_{oL}=（3°～5°）+ϕ，

$\alpha_{oR}=(3°\sim5°)-\phi$。

④ 为减小车削时工件的表面粗糙度，两侧刀刃应磨有长度为 0.3 ～ 0.5mm 的修光刃。

（3）梯形螺纹车刀

梯形螺纹是应用广泛的传动螺纹。车削梯形螺纹时，因径向切削力较大，为保证螺纹精度，可分别采用粗车刀和精车刀对工件进行粗、精加工。

① 高速钢梯形螺纹车刀。

a. 粗车刀。高速钢梯形螺纹粗车刀的几何形状如图 4-6 所示。为给精车时留有充分的加工余量，粗车刀的刀尖角要小于牙型角，刀头宽度也要小于螺纹的牙槽底宽。

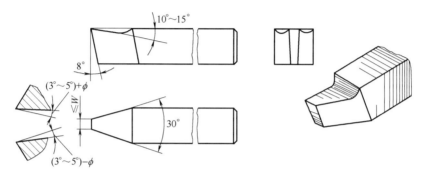

图 4-6　高速钢梯形螺纹粗车刀的几何形状

b. 精车刀。高速钢梯形螺纹精车刀的几何形状如图 4-7 所示。为保证梯形螺纹的牙型精度，精车刀的纵向前角应为 0°，两侧切削刃的夹角应等于牙型角。为切削、排屑顺利，车刀两侧刃都应磨有较大前角（γ_0=10°～ 20°）的卷屑槽。

② 硬质合金梯形螺纹车刀。

用高速钢车刀车削梯形螺纹，虽然精度高，但速度慢、效率低，为了提高车削效率，可用硬质合金车刀进行高速车削。硬质合金梯形螺纹车刀的几何形状如图 4-8 所示。

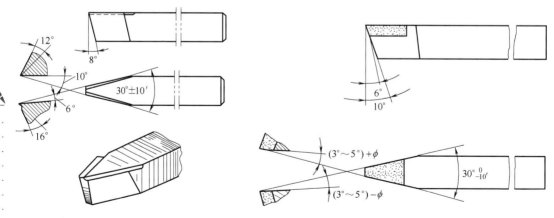

图 4-7　高速钢梯形螺纹精车刀的几何形状　　　图 4-8　硬质合金梯形螺纹车刀的几何形状

用硬质合金车刀高速车削时，车刀三个刃同时参加车削，切削力较大，易产生振动，另外，由于前刀面是平面，易产生带状切屑，造成排屑困难。为了减少振动，使切削和排屑顺利，对牙型精度要求不太高的螺纹，可在车刀前刀面上磨出两个圆弧，如图 4-9 所示，这样可以使车刀前角增大，不仅不易振动、切削顺利，而且可以改变切屑形状，切屑呈球状排出，既保证安全，又易清除切屑。

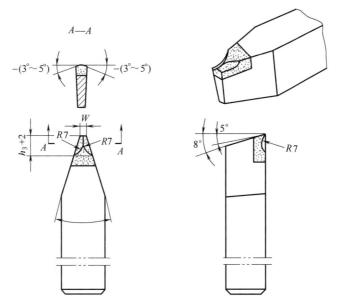

图 4-9　双圆弧硬质合金梯形螺纹车刀的几何形状

4.2.3　螺纹切削

（1）螺纹车削

① 车削三角形螺纹。车削三角形螺纹的方法有低速车削和高速车削两种。低速车削使用高速螺纹车刀，高速车削使用硬质合金螺纹车刀。低速车削精度高，表面粗糙度值小，但效率低。高速车削效率高，能比低速车削提高 15～20 倍，只要措施合理，也可获得较小的表面粗糙度值。因此，高速车削在生产实践中被广泛采用。

低速车削三角形外螺纹的进刀方法有直进法、左右车削法和斜进法三种，如图 4-10 所示。

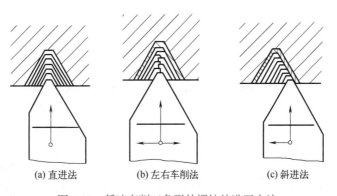

(a) 直进法　　　(b) 左右车削法　　　(c) 斜进法

图 4-10　低速车削三角形外螺纹的进刀方法

a. 直进法车削时，只用中滑板横向进给，在几次行程中把螺纹车成形，如图 4-10（a）所示。直进法车削螺纹容易保证牙型的正确性，车刀刀尖和两侧切削刃同时进行切削，切削力较大，容易产生扎刀现象，因此只适用于车削较小螺距的螺纹。

　　b. 左右车削法车削螺纹时，除直进外，同时用小滑板把车刀向左、右微量进给，几次行程后把螺纹车削成形，如图4-10（b）所示。

　　采用左右车削法车削螺纹时，车刀只有一个侧面进行切削，不仅排屑顺利，而且还不易扎刀。但精车时，车刀左右进给量一定要小，否则易造成牙底过宽或牙底不平。

　　c. 斜进法粗车时，为操作方便，除直进外，小滑板只向一个方向做微量进给，几次行程后把螺纹车成形，如图4-10（c）所示。

　　采用斜进法车削螺纹，操作方便、排屑顺利、不易扎刀，但只适用于粗车，精车时必须用左右车削法来保证螺纹精度。

　　高速车削三角形外螺纹只能采用直进法，而不能采用左右车削法，否则会拉毛牙型侧面，影响螺纹精度。高速车削时，车刀两侧刃同时参加切削，切削力较大，为防止振动及扎刀现象，可使用如图4-11所示的弹性刀杆螺纹车刀。

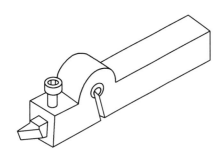

图4-11　弹性刀杆螺纹车刀

　　高速车削三角形外螺纹时，由于车刀对工件的挤压力很大，容易使工件胀大，所以车削螺纹前，工件的外径尺寸应比螺纹的大径小，当车削螺距为1.5～3.5mm的工件时，工件外径尺寸可小0.15～0.25mm。

　　车削三角形内螺纹的方法和车削外螺纹的方法基本相同，只是车削内螺纹要比车削外螺纹困难得多。

　　车螺纹前孔径的计算公式如下：

　　车削塑性金属材料时：

$$D_孔 = d - P \qquad (4\text{-}1)$$

　　车削脆性金属材料时：

$$D_孔 \approx d - 1.05P \qquad (4\text{-}2)$$

　　车削内螺纹时的注意事项：

　　a. 内螺纹车刀两侧刃的对称中心线应与刀杆中心线垂直，否则车削时刀杆会碰伤工件。

　　b. 车削通孔螺纹时，应先把内孔、端面和倒角车好，再车螺纹，其进刀方法和车削外螺纹完全相同。

　　c. 车削盲孔螺纹时一定要小心，退刀和工件反转动作一定要迅速，否则车刀刀头将会和孔底相撞。为控制螺纹长度，避免车刀和孔底相碰，最好在刀杆上做出标记（缠几圈线），或根据床鞍纵向移动刻度盘控制行程长度。

　　② 车削矩形螺纹。车削螺距小于4mm、精度和表面粗糙度要求不高的矩形螺纹时，一般不分粗车、精车，用一把矩形螺纹车刀，采用直进法车削成形即可，如图4-12所示。对于精度要求不高、表面粗糙度值要求较小和螺距在4mm以上的矩形螺纹，可先用矩形螺纹粗车刀采用直进法粗车，牙两侧各留0.2～0.4mm精车余量，再用矩形螺纹精车刀以直进法精车成形，如图4-12（a）所示。

　　车削大螺距的矩形螺纹，粗车时一般应选择直进法进行车削，牙两侧各留一定的精车余量；精车时选用两把类似于左、右偏刀的矩形螺纹精车刀，分别车削螺纹牙型的两侧面，如图4-12（b）所示。车削过程中要严格控制牙槽宽度，保证内、外螺纹配合时两侧间隙符合要求。

　　矩形螺纹配合是以径向定心的，必须注意定心精度，矩形螺纹配合，一般都采用外径定心。

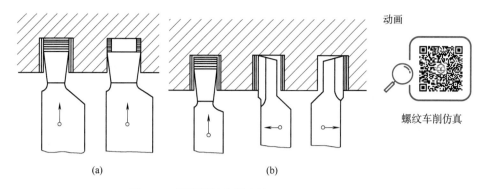

动画

螺纹车削仿真

图 4-12 矩形螺纹车削方法

③ 车削梯形螺纹。车削梯形螺纹时，通常采用高速钢材料的刀具进行低速车削，低速车削梯形螺纹一般有如图 4-13 所示的四种进刀方法——直进法、左右车削法、车直槽法和车阶梯槽法。通常直进法只适用于车削螺距较小（$P < 4mm$）的梯形螺纹，而粗车螺距较大（$P > 4mm$）的梯形螺纹常采用左右车削法、车直槽法和车阶梯槽法。

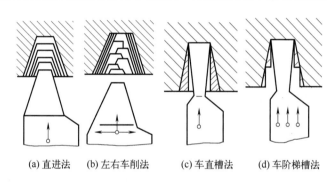

(a) 直进法　　(b) 左右车削法　　(c) 车直槽法　　(d) 车阶梯槽法

图 4-13 梯形螺纹车削的四种进刀方法

a. 直进法。直进法也叫切槽法，如图 4-13（a）所示。车削螺纹时，只利用中滑板进行横向（垂直于导轨方向）进刀，在几次行程中完成螺纹车削。这种方法虽可以获得比较正确的齿形，操作也很简单，但由于刀具三个切削刃同时参加切削，振动比较大，牙侧容易拉出毛刺，不易得到较好的表面品质，并容易产生扎刀现象，因此，它只适用于螺距较小的梯形螺纹车削。

b. 左右车削法。采用左右车削法车削梯形螺纹时，除用中滑板刻度控制车刀的横向进刀外，同时还利用小滑板的刻度控制车刀的作用微量进给，直到牙型全部车好，如图 4-13（b）所示。用左右车削法车螺纹时，由于是车刀两个主切削刃中的一个在进行单面切削，避免了三刃同时切削，所以不容易产生扎刀现象。另外，精车时尽量选择低速，并浇注切削液，一般可获得很好的表面粗糙度。

c. 车直槽法。采用车直槽法车削梯形螺纹时，一般选用刀头宽度稍小于牙槽底宽的矩形螺纹车刀，采用横向直进法粗车螺纹至小径尺寸，然后换用精车刀修整，如图 4-13（c）所示。但在车削螺距较大的梯形螺纹时，刀具因其刀头狭长，强度不够而易折断；切削的沟槽较深，排屑不顺畅，致使堆积的切屑磨损刀头，进给量较小，切削速度较低。因此，该方法很难满足梯形螺纹的车削需要。

d. 车阶梯槽法。为了降低"车直槽法"车削时刀头的损坏程度，可以采用车阶梯槽法，如图 4-13（d）所示。车阶梯槽法也是采用矩形螺纹车刀进行切槽，只不过不是直接切至小径尺寸，而是分成若干刀切削成阶梯槽，最后换用精车刀修整至所规定的尺寸。这样切削排屑较顺畅，方法也较简单，但换刀时不容易对准螺旋直槽，很难保证正确的牙型，容易产生倒牙现象。

（2）套螺纹和攻螺纹

攻螺纹（图 4-14）是用一定的转矩将丝锥旋入工件上预钻的底孔中加工出内螺纹。套螺纹（图 4-15）是用板牙在棒料（或管料）工件上切出外螺纹。攻螺纹或套螺纹的加工精度取决于丝锥或板牙的精度。加工内、外螺纹的方法虽然很多，但小直径的内螺纹只能依靠丝锥加工。攻螺纹和套螺纹可手工操作，也可用车床、钻床、攻螺纹机和套螺纹机操作。

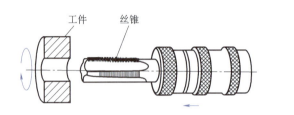
图 4-14　用丝锥攻螺纹

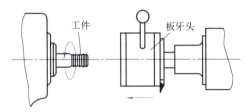
图 4-15　用板牙套螺纹

4.3　确定定位方案

微课

工艺过程设计

基面的选择是工艺过程设计的重要工作之一，基面选择的正确与合理，可以使加工质量得到保障，生产率得以提高。否则，加工工艺过程会问题百出，甚至会造成零件的大批报废，使生产无法正常运行。

4.3.1　粗基准的选择

选择粗基准时，主要要求保证各加工面有足够的加工余量，使加工面与不加工面之间的位置符合图样要求，并特别注意要尽快获得精基准面。

对于如图 4-1 所示螺纹轴零件而言，在选择粗基准时，主要考虑两个问题：一是保证加工面与不加工面之间的相互位置精度要求；二是合理分配各加工面的加工余量。按照粗基准的选择原则，本零件应该选用螺纹轴右端面作为粗基准，先采用螺纹轴右端面作为粗基准加工左端面，可以为后续的工序准备好基准。

4.3.2　精基准的选择

经过机械加工的基准称为精基准，精基准的选择应从保证零件加工精度出发，同时考虑装夹方便、夹具结构简单。

根据零件的技术要求和装配要求，选择设计基准。螺纹轴的右端面和螺纹轴的中心线作为精基准，符合"基准重合"原则。同时，零件上的很多表面都可以采用该表面作为精基准，又遵循了"基准统一"原则。螺纹轴中心线是设计基准，选择它为精基准有利于避免被加工零件由于基准不重合而引起的误差。另外，为了避免在机械加工中产生夹紧变形，选用螺纹轴左端面作为精基准，夹紧稳定可靠。

4.4　确定装夹方案

螺纹轴零件的装夹方案如下：采用一夹一顶装夹粗车螺纹轴的外圆以及螺纹，采用两顶尖装夹精车螺纹轴的外圆以及螺纹。设计专用夹具装夹铣螺纹轴上的键槽。

4.5　拟订工艺路线

毛坯→车端面、钻中心孔→粗车外圆，粗车、精车螺纹 M12-7g →铣键槽→精车外圆，粗车、精车螺纹→ M30×1.5LH-6g。

 任务实施

（1）螺纹轴零件机械加工工艺过程卡

螺纹轴零件机械加工工艺过程卡见表 4-1。

表 4-1　螺纹轴零件机械加工工艺过程卡

工序号	工序名称	工序内容	工艺装备
1	下料	棒料 ϕ50mm×245mm	锯床
2	粗车，钻中心孔	用三爪自定心卡盘装夹工件右端，车左端面见平即可，钻中心孔	CA6140
3	粗车	夹工件右端顶尖顶左端，车 ϕ46mm 至尺寸；车 M30×1.5LH-6g 大径至尺寸，长度为 131mm；车 ϕ27mm 至尺寸，长度为 11mm；车外沟槽 ϕ27mm×10mm 至尺寸；车三处倒角 C1mm 成形	CA6140
4	粗车	调头，垫铜皮夹 ϕ46mm 外圆，找正夹牢，车右端面，保证总长 240mm，钻中心孔	CA6140
5	粗精车	采用一夹（垫铜皮夹 ϕ46mm 外圆）一顶装夹，粗车 ϕ30mm 外圆，留 1mm 精车余量，并保证 ϕ46mm 长度尺寸；粗车 ϕ24mm 外圆，留 1mm 精车余量，保证 ϕ30mm 长度尺寸。粗车、精车 M12-7g 大径至尺寸，保证长度尺寸 17mm；车退刀槽 4mm×1.25mm 至尺寸；车倒角 C1.5mm 成形；车螺纹 M12-7g 成形	CA6140
6	铣	用专用夹具装夹工件铣键槽	专用夹具
7	精车	两顶尖装夹工件，精车 $\phi30_{-0.028}^{-0.007}$ mm 至尺寸；精车 $\phi24_{-0.020}^{-0.007}$ mm 至尺寸，车两处 3mm×0.5mm 外沟槽成形；车倒角 C1 成形	CA6140
8	粗精车	调头，用软卡爪夹 ϕ30mm 外圆，用后顶尖支顶，粗车、精车 M30×1.5LH-6g 成形	CA6140
9	钳	去毛刺	
10	检验	按图样要求检查工件各部尺寸及精度	
11	入库	入库	

（2）螺纹轴零件刀具卡

螺纹轴零件刀具卡见表 4-2。

表 4-2　螺纹轴零件刀具卡

（工序号）		工序刀具清单		共 1 页　第 1 页				
			刀具规格				备注（长度要求）	
序号	刀具名称	型号	刀号	刀片规格标记	刀尖半径 R/mm			
1	90°外圆粗车刀	MCLNL2020K09	T01	CNMG090308-UM	0.2			
2	95°外圆精车刀	SVJCL1616K16-S	T02	VCMT160404-UM	0.4			
3	铣刀	SDKR1203AUEN-S	T03	SDKR1203AESR-MJ	0.6			
4	切槽刀	QA1616R03	T04	R03				
5	外螺纹刀	60°普通外螺纹车刀	T05	MMTER1212H16-C				
				设计	校对	审核	标准化	会签
处数	标记	更改文件号						

考核评价小结

（1）螺纹轴零件形成性考核评价（30%）

螺纹轴零件形成性考核评价由教师根据学生考勤、课堂表现等进行，评价见表 4-3。

表 4-3　螺纹轴零件形成性考核评价

小组	成员	考勤	课堂表现	汇报人	补充发言 自由发言
1					
2					

（2）螺纹轴零件工艺设计考核评价（70%）

螺纹轴零件工艺设计考核评价由学生自评、小组内互评、教师评价三部分组成，评价见表 4-4。

表 4-4   螺纹轴零件工艺设计考核评价

序号	评价项目	扣分标准	配分	自评（15%）	互评（20%）	教评（65%）	得分
1	定位基准的选择	不合理，扣 5 ～ 10 分	10				
2	确定装夹方案	不合理，扣 5 分	5				
3	拟订工艺路线	不合理，扣 10 ～ 20 分	20				
4	确定加工余量	不合理，扣 5 ～ 10 分	10				
5	确定工序尺寸	不合理，扣 5 ～ 10 分	10				
6	确定切削用量	不合理，扣 1 ～ 10 分	10				
7	机床夹具的选择	不合理，扣 5 分	5				
8	刀具的确定	不合理，扣 5 分	5				
9	工序图的绘制	不合理，扣 5 ～ 10 分	10				
10	工艺文件内容	不合理，扣 5 ～ 10 分	15				
互评小组			指导教师			项目得分	
备注			合计				

 ## 拓展练习

　　完成图 4-16、图 4-17 所示螺纹轴及螺母零件的机械加工工艺过程卡、工序卡、刀具卡的编制。

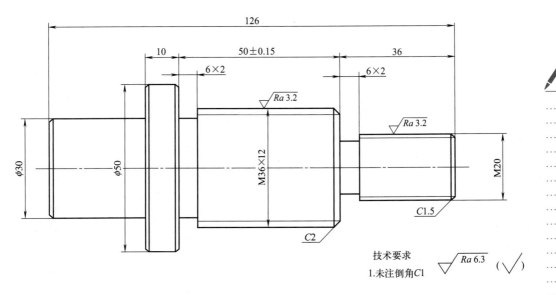

图 4-16   螺纹轴

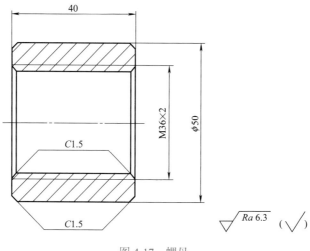

图 4-17 螺母

椭圆凸轮轴零件加工工艺

 项目概述

　　椭圆凸轮轴是常见的定位支撑或导向零件，如图 5-1 所示。通过对其加工工艺的设计，把轴类零件的车削加工基础知识融入其中，使学生掌握车外圆、车端面以及车退刀槽的基本方法。本项目通过对典型车削类零件的加工，使学生掌握金属切削基本原理和切削用量的选择，掌握典型车刀切削角度及选择方法，掌握车削零件表面质量检测方法。椭圆凸轮轴三维实体如图 5-2 所示。

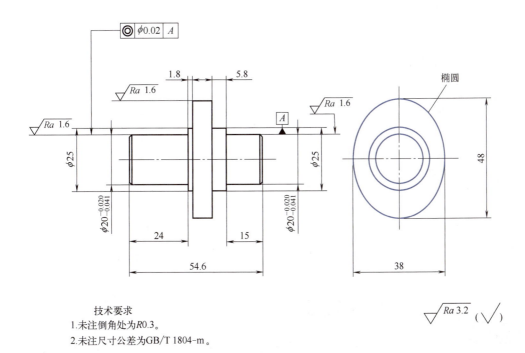

图 5-1　椭圆凸轮轴零件图

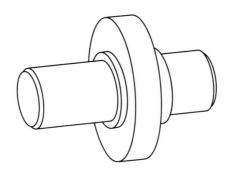

图 5-2　椭圆凸轮轴三维实体图

教学目标

▶▶ **1. 知识目标**

① 认识切削运动。
② 知道加工表面。
③ 掌握切削用量三要素。
④ 掌握基准及基准的选择原则。
⑤ 掌握轴类零件在车床上的装夹方法。
⑥ 掌握轴类零件加工工艺的编制。

▶▶ **2. 能力目标**

① 通过对椭圆凸轮轴零件的加工工艺设计，使学生能运用车削类零件加工的相关知识，根据车工职业规范，完成椭圆凸轮轴零件的车削加工。
② 初步具备操作车床完成零件加工的能力。
③ 能完成椭圆凸轮轴零件的铣削加工。

▶▶ **3. 素质目标**

① 培养学生认真负责的工作态度和严谨细致的工作作风。
② 培养学生遵守行业规范的良好行为习惯。
③ 培养学生知难而进、迎难而上、勇于挑战新工艺的实干精神。

学海导航

大国工匠 - 韩利萍

任务描述

　　轴是组成机器的重要零件之一。轴的主要功能是支承旋转零件、传递转矩和运动。轴工作状态的好坏直接影响整台机器的性能和质量。根据图 5-1，对椭圆凸轮轴零件完成机械加工工艺拟订。

 **相关知识**

5.1　零件工艺分析

如图 5-1 所示，该椭圆凸轮轴零件的结构简单，由端面和大外圆柱面、小外圆柱面、椭圆柱面构成，零件有同轴度公差 0.02mm 的要求。

5.1.1　椭圆凸轮轴零件材料

该零件选用的材料为 45 钢，该材料属普通碳素结构钢，大量用于建筑和工程机构，用以制作钢筋或建造厂房房架、桥梁、高压输电铁塔、车辆、船舶等，也大量用于制造对性能要求不太高的机械零件。毛坯选用圆棒料 ϕ50mm×60mm。

5.1.2　椭圆凸轮轴零件的加工技术要求

① 尺寸。椭圆凸轮轴的外圆直径为 ϕ25mm、ϕ20mm，椭圆 48mm×38mm。
② 表面粗糙度。两外圆柱面表面粗糙度值为 *Ra*1.6μm，其余为 *Ra*3.2μm。
③ 其他技术要求。未注倒角为 *R*0.3mm；未注尺寸公差为 GB/T 1804-m，即图样上未注公差的线性尺寸均按中等级加工和检验。

5.2　预备基础知识

5.2.1　切削运动

在切削加工中，刀具与工件的相对运动称为切削运动，按其功用分为主运动和进给运动，如图 5-3 所示。

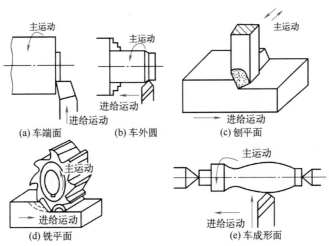

图 5-3　切削运动

① 主运动。主运动是切削运动中速度最高、消耗功率最大的运动，机床的主运动一般只有一个。各种机械加工的主运动：车削时，工件的旋转为主运动；铣削时，铣刀的旋转为主运动；刨削时，刨刀（牛头刨）或工件（龙门刨）的往复直线运动为主运动；钻削时，刀具（钻床上）或工件（车床上）的旋转运动为主运动。

② 进给运动。进给运动是使新的切削层金属不断地被切削，从而切出整个表面的运动。进给运动可以是一个、两个或多个。如车削时有纵向、横向两个进给运动。

5.2.2 加工表面

在机床与刀具进行配合的切削加工过程中，会形成三个加工表面，分别是待加工表面、过渡表面、已加工表面，如图5-4所示。

① 待加工表面——即将被切除的金属表面。

② 已加工表面——切削后形成的新的金属表面。

③ 过渡表面——切削刃在工件上正在形成的表面。

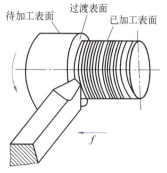

图 5-4　三个加工表面

5.2.3 切削用量

切削用量包括切削用量三要素和切削层横截面要素。

（1）切削用量三要素

① 切削速度 v。切削速度是刀具切削主运动的线速度（m/s 或 m/min）。

② 进给速度 v_f 或进给量 f。

v_f：单位时间内刀具对工件沿进给方向的相对位移（mm/s 或 mm/min）。

f：工件或刀具每转一周，刀具对工件沿进给方向的相对位移，单位 mm/r。

切削时间：
$$t=L/v_f=L/n_f \tag{5-1}$$

③ 背吃刀量 a_p（切削深度）。工件已加工表面和待加工表面的垂直距离（mm）。

外圆车削：
$$a_p = \frac{d_w - d_m}{2} \tag{5-2}$$

钻孔：
$$a_p = \frac{d_m}{2} \tag{5-3}$$

合成切削运动：
$$v_e = v + v_f（向量的关系） \tag{5-4}$$

（2）切削层横截面要素

切削层是指刀具与工件相对移动一个进给量时，相邻两个加工表面之间的金属层，切削层的轴向剖面称为切削层横截面。

① 切削宽度 a_w 是指刀具主切削刃与工件的接触长度。

切削宽度、切削深度与主偏角的关系：
$$\sin\kappa_r = a_p/a_w \tag{5-5}$$

② 切削厚度 a_c 是刀具或工件每移动一个进给量 f 时，刀具主切削刃相邻的两个位置之间的垂直距离（mm）：
$$a_c = f\sin\kappa_r \tag{5-6}$$

③ 切削面积 A_c 即切削层横截面的面积：

$$A_c = a_p f = a_c a_w \qquad (5\text{-}7)$$

5.3 确定定位方案

5.3.1 基准分类及定位基准

（1）基准分类

① 基准定义。机械零件由若干表面组成，各表面之间都有一定的尺寸和相互位置要求。用以确定零件上点、线、面之间的相互位置关系所依据的点、线、面称为基准。

② 基准的分类。基准按其作用不同，可分为设计基准和工艺基准两大类。设计图样上所采用的基准称为设计基准。在机械制造工艺中采用的基准称为工艺基准。工艺基准按用途不同，分为定位基准、工序基准、测量基准和装配基准。定位基准是指加工时使工件在机床上或夹具中处于正确位置所用的基准；工序基准是指某道加工工序选用的基准；测量基准是指零件检验时用以测量已加工表面尺寸及位置的基准；装配基准是指装配时用以确定零件在部件或产品中位置的基准。

（2）定位基准

选择工件的定位基准，实际上是确定工件的定位基面。根据选定的基面加工与否，又将定位基准分为粗基准和精基准，以及辅助基准。在起始工序中，只能选择未经加工的毛坯表面作定位基准，这种基准称为粗基准。用加工过的表面作定位基准，这种基准称为精基准。零件设计图中不要求加工的表面，有时为了装夹工件的需要而专门将其加工用作定位，或者为了准确定位，加工时提高了零件设计精度，这种表面不是零件上的工作表面，只是由于加工工艺需要而加工的基准面，称为辅助基准。例如，加工过程中，为了保证加工精度，使用中心孔定位，加工 A 面时，设置加工工艺凸台，如图 5-5 所示的 B 即是工艺凸台，该工艺凸台就是专门设计的辅助基准，在零件加工完成后切除。

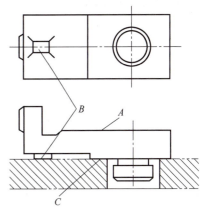

图 5-5 工艺凸台

在制订工艺过程时，首先选择精基准面，采用粗基准定位，加工出精基准面；然后采用精基准定位，加工零件的其他表面。

1）粗基准选择原则

粗基准的选择应能保证加工面与不加工面之间的位置要求和合理分配各加工面的余量，同时要为后续工序提供精基准。具体可按下列原则选择。

① 不加工面原则。为了保证加工面与不加工面之间的位置要求，应选择不加工面为粗基准。如图 5-6 所示的叉架零件上有多个不加工表面，为了保证加工 ϕ20H8mm 孔与不加工表面 ϕ40mm 外圆的同轴度，加工 ϕ20H8mm 孔时应选 ϕ40mm 外圆为粗基准。

② 加工余量最小原则。以余量最小的表面作为粗基准，以保证各加工面有足够的加工余量。选择毛坯加工余量最小的表面作为粗基准，可以保证各加工面都有足够的加工余量，不至于造成废品。如图5-7所示铸造的轴套零件，通常轴套外圆柱表面加工余量较小，轴套内孔的加工余量较大，应该以轴套外圆柱表面作为粗基准来加工轴套内孔。

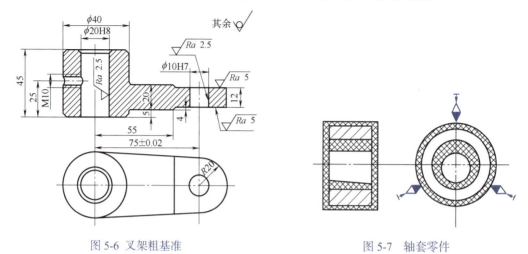

图 5-6 叉架粗基准   图 5-7 轴套零件

③ 保证重要表面的余量均匀的原则。加工零件时必须保证某些重要表面的余量均匀。例如机床的床身加工，床身上的导轨面是重要表面，要求导轨面的加工余量均匀（图5-8）。若精磨导轨时，先以床脚平面作为粗基准定位，磨削导轨面，如图5-8（a）所示，导轨表面上的加工余量不均匀，切除的加工余量较多，会露出较疏松的、不耐磨的金属层，达不到导轨要求的精度和耐磨性。如果选择导轨面为粗基准定位，先加工床脚底面，然后以床脚底面定位加工导轨面，如图5-8（b）所示，这就可以保证导轨面加工余量均匀。

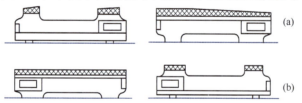

图 5-8 导轨余量

④ 平整光洁表面原则。应尽量选择平整光滑，没有飞边、冒口、浇口或其他缺陷，以便使工件定位准确、夹紧可靠的表面为粗基准。

⑤ 不重复使用原则。粗基准未经加工，表面比较粗糙且精度低，二次装夹时，其在机床上（或夹具中）的实际位置可能与第一次装夹时不一样，从而产生定位误差，导致相应加工表面出现较大的位置误差。在同一尺寸方向上粗基准只准使用一次。因为粗基准是毛坯表面，定位误差大，两次以上使用同一粗基准装夹，加工出的各表面之间会有较大的位置误差。如图5-9所示零件加工中，如第一次用不加工面ϕ30mm定位，分别车削ϕ18H7mm和端面；第二次仍用不加工面ϕ30mm定位，钻4×ϕ8mm孔，则会使ϕ18H7mm孔的轴线与4×ϕ8mm孔位置即ϕ46mm的中心线之间产生较大的同轴度误差，有时可达2～3mm。因此，这样的定位方法是错误的。正确的定位方法应以精基准ϕ18H7mm孔和端面定位，钻4×ϕ8mm孔。

2）精基准选择原则

① 基准重合原则。直接选择加工表面的设计基准为定位基准，称为基准重合原则。采用基准重合原则可以避免由定位基准与设计基准不重合而引起的定位误差。如图 5-10 所示，设计基准为 A 基准面，加工 C 平面及 B 平面时，选择的精基准为 A 基准面，从而保证设计基准和定位基准重合，减少了加工误差。

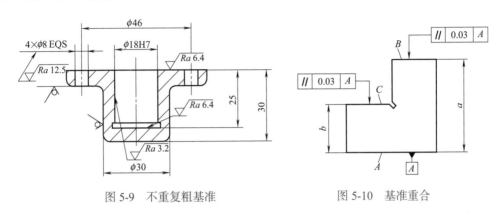

图 5-9　不重复粗基准　　　　　　　　图 5-10　基准重合

② 基准统一原则。同一零件的多道工序尽可能选择同一个定位基准，称为基准统一原则。这样可以保证各加工表面之间的相互位置精度，避免或减少因基准转换而引起的误差，而且简化了夹具的设计与制造工作，降低了成本，缩短了生产准备周期。箱体零件采用一面两孔定位，齿轮的齿坯和齿形加工多采用齿轮的内孔及一端面为定位基准，均属于基准统一原则。

③ 自为基准原则。精加工或光整加工工序要求余量小而均匀，选择加工表面本身作为定位基准，称为自为基准原则。如图 5-11 所示，车床导轨表面磨削时用可调支承定位床身，在导轨磨床上用百分表找正导轨本身表面作为定位基准，然后磨削导轨表面，以保证精磨导轨面的余量均匀且加工余量较小。精磨削孔加工过程中，采用浮动镗刀镗内孔、珩磨内孔、拉刀拉内孔、无心磨外圆等，这些都是以自为基准进行定位。

④ 互为基准原则。为使各加工表面之间具有较高的位置精度，或为使加工表面具有均匀的加工余量，可采取两个加工表面互为基准反复加工，称为互为基准原则。例如，加工精密齿轮中的磨齿工序，先以齿面为基准定位磨孔，如图 5-12 所示，然后以齿轮内孔定位，磨齿轮面，使齿轮面加工余量均匀，能保证齿面与内孔之间较高的相互位置精度。

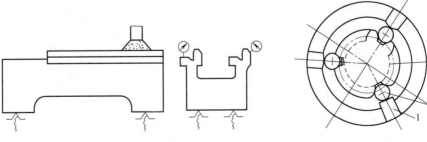

图 5-11　自为基准

图 5-12　互为基准
1—推动销；2—钢球；3—齿轮

⑤ 便于装夹原则。所选精基准应能保证工件定位准确稳定，装夹方便可靠，夹具结构简单适用，操作方便灵活。同时，定位基准应有足够大的接触面积，以承受较大的切削力。

5.3.2 椭圆凸轮轴的定位基准确定

椭圆凸轮轴选择 ϕ20mm 轴外圆表面为粗、精基准，使设计基准与定位基准重合，以减少定位误差。

5.4 确定装夹方案

5.4.1 轴类零件装夹方式

（1）轴类零件常用夹具

1）三爪自定心卡盘装夹

三爪自定心卡盘如图 5-13 所示，由卡盘体、活动卡爪和卡爪驱动机构组成。三爪自定心卡盘上 3 个卡爪导向部分的下面有螺纹与大锥齿轮背面的平面螺纹相啮合，当用扳手通过方孔转动小锥齿轮时，大锥齿轮转动，平面螺纹同时带动 3 个卡爪向中心靠近或退出，实现自动定心和夹紧，适用于夹持圆形、正三角形或正六边形等工件。在 3 个卡爪上换上 3 个反爪，可用来安装直径较大的工件。三爪自定心卡盘的自行对中精度为 0.05～0.15mm。用三爪自定心卡盘装夹的工件的加工精度受到卡盘制造精度和其使用后的磨损情况的影响。卡盘按驱动卡爪所用动力不同，分为手动卡盘和动力卡盘两种。轴类零件，夹紧端中心与三爪自定心卡盘同心度较好，但是远端因重力等作用会下垂，远端同心度很差，需要找正；盘类零件，虽然靠近三爪夹紧端，同心度较好，但是端面圆跳动（即垂直度）会很差，需要找正。三爪自定心卡盘装夹工件方便、省时，但夹紧力较小，所以适用于装夹外形较规则的中小型零件，如圆柱形、正三边形、正六边形工件等。三爪自动定心卡盘规格有 150mm、200mm、250mm。

2）四爪单动卡盘装夹

四爪单动卡盘如图 5-14 所示。

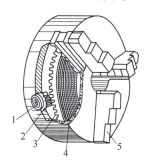

图 5-13　三爪自定心卡盘

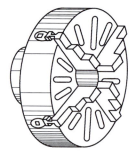

图 5-14　四爪单动卡盘

1—方孔；2—小锥齿轮；3—大锥齿轮；4—平面螺纹；5—卡爪

四爪单动卡盘全称是机床用手动四爪单动卡盘，是由一个盘体、4 个丝杠、一副卡爪组成的。工作时是用 4 个丝杠分别带动 4 个卡爪，因此常见的四爪单动卡盘没有自动定心的作用，但可以通过调整 4 个卡爪的位置装夹各种矩形的、不规则的工件，每个卡爪都可单独运动。四爪单动卡盘的 4 个卡爪各自独立运动，因此工件安装后必须将工件的旋转中心校正到与车床主轴的旋转中心重合才能车削。使用四爪单动卡盘时校正工件比较麻烦，但其夹紧力较大，所以适用于装夹大型或形状不规则的工件。

3）一夹一顶装夹

对于长度较长、重量较重、端部刚性较差的工件，可采用一夹一顶装夹。利用三爪或四爪卡盘夹住工件一端，另一端用后顶尖顶住，形成一夹一顶装夹结构，如图 5-15 所示。用一夹一顶装夹车削时，最好用轴向限位支撑或利用工件的台阶限位，否则在轴向切削力的作用下，工件容易产生轴向位移。如果不采用轴向限位支撑，加工者必须随时注意后顶尖支顶的松、紧情况，并及时进行调整，以防发生事故。两个或两个以上支承点重复限制同一个自由度，称为过定位。用一夹一顶方式装夹工件，当卡盘夹持部分较长时，卡盘限制了 $\vec{y}$、$\vec{z}$、$\hat{y}$、$\hat{z}$ 4 个自由度，后顶尖限制了 $\hat{y}$、$\hat{z}$ 2 个自由度，重复限制了 $\hat{y}$、$\hat{z}$ 2 个自由度。为了消除过定位，卡盘夹持部位应较短，只限制

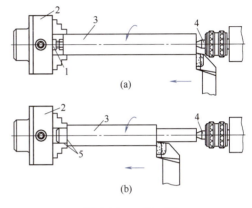

图 5-15 一夹一顶
1—限位支撑；2—卡盘；3—工件；
4—顶尖；5—定位台阶

$\hat{y}$、$\hat{z}$ 2 个自由度，后顶尖限制 $\hat{y}$、$\hat{z}$ 2 个自由度，是不完全定位。利用一夹一顶装夹加工零件时，装夹比较安全、可靠，能承受较大的轴向切削力；装夹刚性好，轴向定位正确；增强较长工件端部的刚性，有利于提高加工精度和表面质量；卡盘卡爪和顶尖重复限制工件的自由度，影响工件的加工精度；尾座中心线与主轴中心线产生偏移，车削时轴向容易产生锥度；较长的轴类零件，中间刚性较差，需增加中心架或跟刀架，对操作者的技能提出了较高的要求，工件的装夹长度要尽量短；要进行尾座偏移量的调整。一夹一顶装夹是车削轴类零件最常用的方法。

4）两顶尖装夹

两顶尖装夹的优点是装夹工件方便，不需找正，装夹精度高。缺点是装夹工件时必须先在工件端面钻出中心孔，夹紧力较小。其适用于形位公差要求较高和大批量生产的工件，如图 5-16 所示。

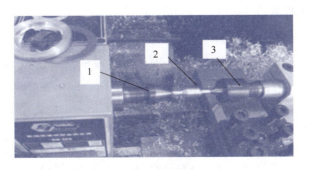

图 5-16 两顶尖装夹
1—前顶尖；2—工件；3—后顶尖

顶尖分为固定顶尖和活顶尖两种。

① 固定顶尖。固定顶尖刚性好，定心准确，但与工件中心孔之间产生滑动摩擦而发热过多，容易将中心孔或顶尖烧坏。因此，固定顶尖只适用于低速且加工精度要求较高的工件，如图 5-17 所示。

② 活顶尖。活顶尖将工件与中心孔的滑动摩擦改为顶尖内部轴承的滚动摩擦，能在很高的转速下正常工作，克服了固定顶尖的缺点，因此应用日益广泛。但活顶尖存在一定的装配积累误差，以及当滚动轴承磨损后，会使顶尖产生径向摆动，从而降低了加工精度。如图 5-18 所示。

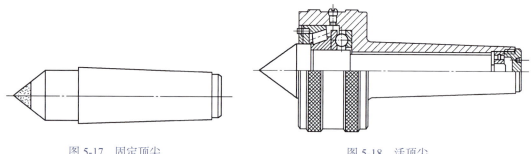

图 5-17　固定顶尖　　　　　　　　　　图 5-18　活顶尖

（2）轴类工件的装夹方式

① 一次装夹。

② 以外圆为定位基准。

③ 以内孔为定位基准。

5.4.2　椭圆凸轮轴装夹方案的确定

椭圆凸轮轴选用三爪自定心卡盘分两次装夹：第一次装夹时，夹住毛坯右端外圆柱面，粗精车左端面及外圆柱面；第二次装夹时，用紫铜或开口轴套夹住已加工的外圆柱面，加工另一端的端面及外圆柱面。

5.5　拟订工艺路线

5.5.1　轴类零件加工方法

（1）加工方法

轴类零件和盘类零件的加工方法大部分是车削及磨削，而套类零件一般用镗削。根据车削类回转零件的特点，一般分为粗车、精车、精细车。

① 粗车。车削加工是外圆粗加工最经济有效的方法。由于粗车的目的主要是迅速从毛坯上切除多余的金属，因此，提高生产率是其主要任务。

粗车通常采用尽可能大的背吃刀量和进给量来提高生产率，而为了保证必要的刀具寿命，切削速度通常较低。粗车时，车刀应选取较大的主偏角，以减小背向力，防止工件的弯曲变形和振动；选取较小的前角、后角和负的刃倾角，以增强车刀切削部分的强度。粗车所能达到的加工精度为 IT12 ～ IT11，表面粗糙度为 *Ra*50 ～ 12.5μm。

② 精车。精车的主要任务是保证零件所要求的加工精度和表面质量。精车外圆表面时一般采用较小的背吃刀量与进给量和较高的切削速度。在加工大型轴类零件外圆时，则常采用宽刃车刀低速精车。精车时车刀应选用较大的前角、后角和正的刃倾角，以提高表面质量。精车可作为较高精度外圆的最终加工或作为精细加工的预加工。精车的加工精度可达 IT8 ～ IT6 级，表面粗糙度可达 *Ra*1.6 ～ 0.8μm。

③ 精细车。精细车的特点是背吃刀量和进给量取值极小，切削速度高达 150 ～ 2000m/min。精细车一般采用立方氮化硼（CBN）、金刚石等超硬材料刀具，所用机床也必须是主轴能做高速回转，并具有很高刚度的高精度机床或精密机床。精细车的加工精度及表面粗糙度与普通外圆磨削大体相当，加工精度可达 IT6 以上，表面粗糙度可达 *Ra*0.4 ～ 0.005μm。其多用于加工磨削性不好的有色金属工件。对于磨削时容易堵塞砂轮气孔的铝及铝合金等工件，精细车更为有效。在加工大型精密外圆表面时，精细车可以代替磨削加工。

（2）提高外圆表面车削生产效率的途径

车削是轴类、套类和盘类零件外圆表面加工的主要工序，也是这些零件加工耗费工时最多的工序。提高外圆表面车削生产效率的途径主要有以下几个。

① 采用高速切削。高速切削是通过提高切削速度来提高生产效率。切削速度的提高除要求车床具有高转速外，主要受刀具材料的限制。

② 采用强力切削。强力切削是通过增大切削面积来提高生产效率。其特点是对车刀切削刃进行改造，在刀尖处磨出一段副偏角为 0°、长度为（1.2 ～ 1.5）*f* 的修光刃，在进给量提高几倍甚至十几倍的条件下进行切削时，加工表面的表面粗糙度仍能达到 *Ra*5 ～ 2.5μm。强力切削比高速切削的生产效率更高，适用于刚度比较好的轴类零件的粗加工。采用强力切削时，车床加工系统必须具有足够的刚性及功率。

③ 采用多刀加工方法。多刀加工是通过减少刀架行程长度来提高生产效率的。

5.5.2 轴类零件工艺路线

（1）基本加工工艺路线

外圆表面加工的方法很多，基本加工工艺路线可归纳为四条。

① 粗车→半精车→精车。对于常用材料，这是外圆表面加工采用的最主要的工艺路线。

② 粗车→半精车→粗磨→精磨。对于黑色金属材料，精度要求高和表面粗糙度值要求较小、零件需要淬硬时，其后续工序只能用磨削加工路线。

③ 粗车→半精车→精车→金刚石车。对于有色金属，用磨削加工通常不易得到所要求的表面粗糙度，因为有色金属一般比较软，容易堵塞沙粒间的空隙，因此其最终工序多用精车和金刚石车。

④ 粗车→半精→粗磨→精磨→光整加工。对于黑色金属材料的淬硬零件，精度要求高和表面粗糙度值要求很小，常用此加工路线。

（2）典型加工工艺路线

轴类零件的主要加工表面是外圆表面，还有常见的特形表面，因此针对各种精度等级和表面粗糙度要求，按经济精度选择加工方法。

对普通精度的轴类零件加工，其典型的工艺路线如下：

毛坯及热处理→预加工→车削外圆→铣键槽→（花键槽、沟槽）→热处理→磨削→终检。

（3）轴类零件的预加工

轴类零件的预加工是指加工的准备工序，即车削外圆之前的工艺。

毛坯在制造、运输和保管过程中，常会发生弯曲变形，为保证加工余量的均匀及装夹可靠，一般将毛坯在冷态下由各种压力机或校直机校直。

（4）轴类零件加工的定位基准和装夹

① 以工件的中心孔作为定位基准。在轴的加工中，零件各外圆表面，锥孔、螺纹表面的同轴度，端面对旋转轴线的垂直度是其相互位置精度的主要内容，这些表面的设计基准一般都是轴的中心线，若用两中心孔定位，符合基准重合的原则。中心孔不仅是车削时的定位基准，也是其他加工工序的定位基准和检验基准，又符合基准统一原则。当采用两中心孔定位时，还能最大限度地在一次装夹中加工出多个外圆和端面。

② 以外圆和中心孔作为定位基准（一夹一顶）。用两中心孔定位，虽然定心精度高，但刚性差，尤其是加工较重的工件时不够稳固，切削用量也不能太大。粗加工时，为了提高零件的刚度，可采用轴的外圆表面和一中心孔作为定位基准。这种定位方法能承受较大的切削力，是一种轴类零件最常见的定位方法。

③ 以两外圆表面作为定位基准。在加工空心轴的内孔时（例如机床上莫氏锥度的内孔加工），不能采用中心孔作为定位基准，可用轴的两外圆表面作为定位基准。当工件是机床主轴时，常以两支撑轴颈（装配基准）作为定位基准，可满足锥孔相对支撑轴颈的同轴度要求，以消除基准不重合而引起的误差。

④ 以带有中心孔的锥堵作为定位基准。在加工空心轴的外圆表面时，往往还采用带中心孔的锥堵或锥套心轴作为定位基准，如图 5-19 所示。

锥堵或锥套心轴应具有较高的精度，锥堵和锥套心轴上的中心孔既是其本身制造的定位基准，又是空心轴外圆精加工的基准。因此，必须保证锥堵或锥套心轴上锥面与中心孔有较高的同轴度。在装夹中应尽量减少锥堵的安装次数，减少重复安装误差。实际生产中，锥堵安装后，中途加工一般不得拆下和更换，直至加工完毕。

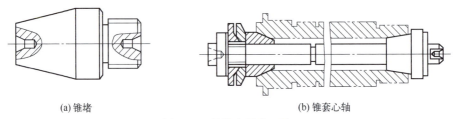

(a) 锥堵　　　　　　(b) 锥套心轴

图 5-19　锥堵和锥套心轴

5.5.3　椭圆凸轮轴零件工艺路线的拟订

椭圆凸轮轴工艺过程如图 5-20 所示。

① 第一次装夹。首先在数控车床上夹持大端，找正，车削小端到尺寸，如图 5-20（b）所示。然后在数控车床上夹持小端，找正，车削外圆基准至 φ49mm，如图 5-20（d）所示。

② 在数控铣床上夹持零件两端，分别铣削上下两平面，两平面之间的距离为35mm，如图 5-20（e）所示。然后在数控铣床上夹持两平面，利用 $\phi20^{-0.020}_{-0.041}$ mm 找正，铣削椭圆到尺寸，如图 5-20（c）所示。在数控车床上夹持小端，找正，车削大端到尺寸，如图 5-20（a）所示。最后去毛刺。

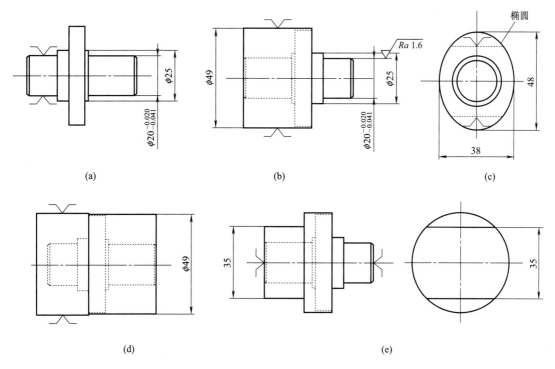

图 5-20 椭圆凸轮轴工艺过程

 **任务实施**

（1）椭圆凸轮轴零件的刀具卡

选择其加工刀具，填写刀具卡，见表 5-1。

表 5-1 椭圆凸轮轴零件刀具卡

（工序号）		工序刀具清单				共 1 页第 1 页			
序号	刀具名称	刀具规格				备注（长度要求）			
		型号	刀号	刀片规格标记	刀尖半径 *R*/mm				
1	95°外圆粗车刀	MCLNL2020K09	T01	CNMG090308-UM	0.8				
2	93°外圆精车刀	SVJCL1616K16-S	T02	VCMT160404-UM	0.4				
3	圆柱铣刀	ϕ120mm	T03						
4	圆柱铣刀	ϕ16mm	T04						
				设计	校对	审核	标准化	会签	
处数	标记	更改文件号							

（2）椭圆凸轮轴零件的工艺过程卡

填写工艺过程卡，见表 5-2。

表 5-2　椭圆凸轮轴零件工艺过程卡

材料	45 钢	毛坯种类	棒料	毛坯尺寸	$\phi50mm \times 60mm$	加工设备
序号	工序名称	工作内容				
1	备料	$\phi50mm \times 60mm$				锯床
2	热处理	正火				热处理车间
3	车工	数控车床上夹持大端，找正，车削小端到尺寸。在数控车床上夹持小端，找正，车削外圆基准至$\phi49mm$				C2-6136HK
4	铣工	铣削上下两平面，两平面之间的距离为 35mm。在数控铣床上夹持两平面，利用$\phi20^{-0.020}_{-0.041}$ mm 找正，铣削椭圆到尺寸				KVC650
5	车工	在数控车床上夹持小端，找正，车削大端到尺寸				C2-6136HK
6	钳工	去毛刺				手工
7	检验	按图纸要求检验				检验台
编制		审核		批准		共　页　第　页

（3）填写椭圆凸轮轴零件机械加工工序卡

填写机械加工工序卡，见表 5-3。

表 5-3　椭圆凸轮轴零件机械加工工序卡

全工序		机械加工工序卡	产品型号				
			产品名称		椭圆凸轮轴		
			设备	夹具		量具	
			C2-6136HK，KVC650	三爪卡盘平口虎钳		千分尺游标卡尺	
			程序号	工序工时			
				准终工时		单件工时	

工步号	工步内容	切削参数				冷却方式	刀号
		v_c/(m/min)	n/(r/min)	a_p/mm	f(mm/min)		
5	检查毛坯尺寸						
10	夹毛坯左端，车右端面	100	800	1	120	水冷	T1

续表

工步号	工步内容	切削参数				冷却方式	刀号
		v_c/(m/min)	n/(r/min)	a_p/mm	f(mm/min)		
15	粗车外圆 $\phi 20^{-0.020}_{-0.041}$ mm、$\phi 25$mm，留精加工余量 0.5mm	180	1000	2	200	水冷	T1
20	精车外圆 $\phi 20^{-0.020}_{-0.041}$ mm、$\phi 25$mm 至图纸要求尺寸，倒角	200	1500	0.1	150	水冷	T2
25	调头装夹另一端，保证总长，车削外圆基准至 $\phi 49$mm	200	1500	1	150	水冷	T3
30	铣削上下两平面，两平面之间的距离为 35mm	120	1800	1	120	水冷	T1
35	找正外圆 $\phi 20^{-0.020}_{-0.041}$ mm，铣削椭圆到尺寸	120	1800	1	120	水冷	T1
40	数控车床上夹持小端，找正，粗车大端尺寸 $\phi 20^{-0.020}_{-0.041}$ mm、$\phi 25$mm，留精加工余量 0.5 mm	200	1500	0.1	200	水冷	T2
45	精车大端尺寸至 $\phi 20^{-0.020}_{-0.041}$ mm、$\phi 25$mm	80	300	2	50	水冷	T3
50	去毛刺，检验，入库						
		设计	校对	审核	标准化		会签
标记	处数	更改文件号					

 ## 考核评价小结

（1）椭圆凸轮轴零件形成性考核评价（30%）

椭圆凸轮轴零件形成性考核评价由教师根据学生考勤、课堂表现等进行，评价见表 5-4。

表 5-4　椭圆凸轮轴零件形成性考核评价

小组	成员	考勤	课堂表现	汇报人	补充发言 自由发言
1					
2					

（2）椭圆凸轮轴零件工艺设计考核评价（70%）

椭圆凸轮轴零件工艺设计考核评价由学生自评、小组内互评、教师评价三部分组成，评价见表 5-5。

表 5-5　椭圆凸轮轴零件工艺设计考核评价

序号	评价项目	扣分标准	配分	自评（15%）	互评（20%）	教评（65%）	得分
1	定位基准的选择	不合理，扣 5～10 分	10				
2	确定装夹方案	不合理，扣 5 分	5				
3	拟订工艺路线	不合理，扣 10～20 分	20				
4	确定加工余量	不合理，扣 5～10 分	10				
5	确定工序尺寸	不合理，扣 5～10 分	10				
6	确定切削用量	不合理，扣 1～10 分	10				
7	机床夹具的选择	不合理，扣 5 分	5				
8	刀具的确定	不合理，扣 5 分	5				
9	工序图的绘制	不合理，扣 5～10 分	10				
10	工艺文件内容	不合理，扣 5～15 分	15				
互评小组			指导教师			项目得分	
备注			合计				

 拓展练习

完成图 5-21 所示球形轴的机械加工工序卡及刀具卡的编制。

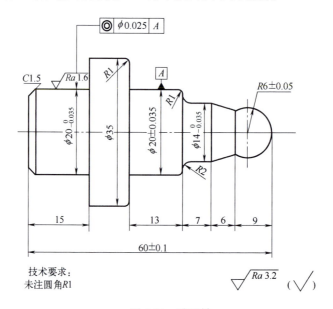

图 5-21　球形轴

学习模块2
数控铣削工艺

项目 **6**

数控铣床认识与选择

 项目概述

　　机床是零件加工的主要设备。机床、夹具、刀具、工件组成加工工艺系统，机床的几何参数和运动参数影响工件的加工尺寸，主轴精度和进给系统的精度直接影响工件的加工精度，机床的稳定性则直接影响工件加工质量的稳定性。总之，机床的选用与加工的效率、质量等方面有着千丝万缕的联系。因此，本项目将带领读者认识数控铣床（图6-1）的分类、结构、工作原理、主要参数和特性。了解这些知识，学会根据加工需求和特点正确合理地选择和使用数控铣床。

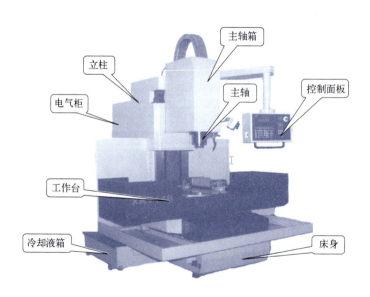

图 6-1　数控铣床

教学目标

▶▶ **1. 知识目标**

① 了解数控铣床的发展历程与发展趋势。
② 了解数控铣床的分类、结构与工作原理。
③ 掌握数控铣床加工的原理与应用。
④ 掌握数控铣床的主要参数和选用方法。

▶▶ **2. 能力目标**

① 通过本项目的学习，掌握数控铣削加工的特点。
② 能根据零件的制造要求、生产规模等合理选用数控铣床进行加工生产。

▶▶ **3. 素质目标**

① 培养学生服务国家重大智能制造数控铣削新工艺的精神。
② 培养学生一丝不苟、精益求精的工匠精神。
③ 培养学生创新意识。

任务描述

　　数控铣床加工的过程：加工人员依据加工图样的要求设计加工方案，选择合适的铣床，正确安装刀具与工件，由铣床控制刀具与工件的相对运动，使刀具切去工件表面多余的金属材料，从而加工出符合图样要求的工件。

学海导航

职校走出大国工匠 -
王树军

　　数控铣床是世界上最早研制出来的数控机床，也是目前使用较广泛的数控机床之一，是一种高质、高效、自动化的切削加工机床。如何选择适合的数控铣床也是数控加工工艺设计中的一个关键环节，是一个综合性的技术问题。

相关知识

6.1　认识数控铣床

微课

数控铣床认知

　　随着社会生产和科学技术迅速发展，机械产品日趋精密复杂，且需频繁改型，精度要求高，批量小。加工这类产品需要经常改装或调整设备，普通机床已不能适应这些要求。为了解决上述问题，新型机床——数控铣床应运而生。这种新型机床具有适应性强、加工精度高、加工质量稳定和生产效率高等优点。它综合了电子计算机、自动控制、伺服驱动、精密测量和机械结构多方面的技术成果，已经成为机械制造的主角，今后也是机床控制的发展方向。

6.1.1　数控铣床的发展历程

自 1952 年美国研制成功第一台数控机床以来，随着电子技术、计算机技术、自动控制技术和精密测量技术等发展，数控铣床在不断地更新换代，先后经历了五个发展阶段，如表 6-1 所示。

表 6-1　数控铣床的发展历程

发展阶段	发展内容
第一代	1952～1959 年，采用电子管元件构成的专用数控装置（NC 装置）。由于其体积大、可靠性低、价格高，因此主要用于军工部门，没有得到推广应用，产量比较小
第二代	从 1959 年开始，采用晶体管电路的 NC 装置。虽然其可靠性有所提高，体积大为缩小，但其可靠性还是低，得不到广大用户的认可，数控机床的产量和产品虽有所增加，但增加得不快
第三代	从 1965 年开始，采用小中规模集成电路的 NC 装置。不仅大大缩小了数控机床的体积，可靠性也得到了实质性的提高，成为一般用户能够接受的装置，数控机床产量和品种均得到较大的发展
第四代	从 1970 年开始，采用大规模集成电路的小型通用电子计算机控制（computer numerical control，CNC）的装置
第五代	从 1974 年开始，采用微型电子计算机控制（microcomputer numerical control，MNC）的装置

第四、五两代因为将计算机应用于数控装置，所以称为计算机数字数控装置，简称 CNC 装置（系统）。由于计算机的应用，很多控制功能可以通过软件来实现，因而数控装置的功能大大提高，而价格却有较大的下降，可靠性和自动化程度得到进一步提高，数控铣床得到了飞速的发展。

从 1974 年出现第五代数控装置以后，数控装置没有再出现质的变化，只是随着集成电路规模的日益扩大，以及光纤通信技术在数控装置中的应用，使其体积日益缩小，价格逐年下降，可靠性进一步提高，数控装置的故障在数控铣床总的故障中占据很小的比例。

近年来，微电子和计算机技术日益成熟，成果正在不断渗透到机械制造的各个领域中，先后出现了计算机直接数控（direct numerical control，DNC）、柔性制造系统（flexible manufacturing system，FMS）和计算机集成制造系统（computer-intergrated manufacturing system，CIMS）。它们代表着数控铣床今后的发展趋势。

6.1.2　数控铣床发展趋势

为了进一步提高劳动生产率，降低生产成本，缩短产品的研制和生产周期，加速产品更新换代，以适应社会对产品多样化的需求，近年来，人们把自动化生产技术的发展重点转移到中、小批量生产领域中，这就要求加快数控铣床的发展，使其成为一种高效率、高柔性和低成本的制造设备，以满足市场的需求。

随着微电子技术和计算机技术的发展，现代数控铣床的应用领域日益扩大。当前数控设备正在不断采用最新技术成就，向着高速度化、高精度化、智能化、多功能化以及高可靠性的方向发展。

现代数控铣床均采用 CNC 系统。数控铣床的硬件由多种功能模块组成，不同功能的模块可根据铣床数控功能的需要选用，并可自行扩展。在 CNC 系统中，只要改变软件或控制程序，就能制成适应各类机床不同要求的数控系统。数控系统正向模块化、标准化、智能化

"三化"方向发展，使其便于组织批量生产，有利于质量和可靠性的提高。

现代制造技术正在向机械加工综合自动化的方向发展。在现代机械制造业的各个领域中，先后出现了计算机直接数控系统（DNC）、柔性制造系统（FMS），以及计算机集成制造系统（CIMS）等高新技术的制造系统。为适应这种技术发展的趋势，要求现代数控铣床的各种自动化监测手段和联网通信技术不断完善和发展。目前正在成为标准化通信局部网络（local area network，LAN）的制造自动化协议（MAP），使各种数控设备便于联网，有可能把不同类型的智能设备用标准化通信网络设施连接起来，使工厂自动化（factory automation，FA）的上层到下层通过信息交流，促进系统的智能化、集成化和综合化，建立能够有效利用系统全部信息资源的计算机网络，实现生产过程综合自动化的计算机管理与控制。

6.2　数控铣床结构

6.2.1　数控铣床的分类

数控铣床的分类方法与通用机床类似，通常可以分为立式数控铣床、卧式数控铣床、立卧两用数控铣床、龙门数控铣床，如图 6-2 所示。

（1）立式数控铣床

图 6-2（a）所示为立式数控铣床。立式数控铣床在数控铣床中应用最为广泛。小型立式数控铣床与普通立式升降台铣床的工作原理相差不大，机床的工作台可以自由移动，但是升降台和主轴固定，不能移动；中型立式数控铣床的工作台通常可以做纵向和横向移动，主轴可沿垂直方向的溜板上下运动；大型立式数控铣床在设计过程中通常要考虑扩大行程、缩小占地面积以及刚性等技术上的问题，所以往往采用龙门架［图 6-2（d）］移动式，主轴可在龙门架的横向和垂直方向做溜板运动，龙门架沿床身做纵向运动。

(a) 立式数控铣床　　　　(b) 卧式数控铣床

图 6-2

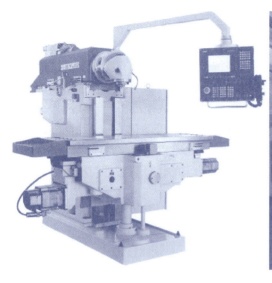

(c) 立卧两用数控铣床   (d) 龙门数控铣床

(e) 立式加工中心   (f) 卧式加工中心

图 6-2　数控铣床及加工中心

（2）卧式数控铣床

图 6-2（b）所示为卧式数控铣床，其主轴轴线平行于水平面。为了扩大加工范围和扩充机床功能，卧式数控铣床经常采用增加数控转盘或万能数控转盘来实现 4、5 坐标联动加工。这样，不仅工件侧面上的连续回转轮廓能加工出来，而且能实现在工件的一次装夹中，通过转盘改变工位，以实现"四面加工"。万能数控转盘还可以把工件上不同空间角度的加工面摆成水平面来加工。因此，对于箱体类零件或在一次装夹中需要改变工位的工件来说，应该优先考虑选择带数控转盘的卧式数控铣床进行加工。

由于卧式数控铣床增加了数控转盘，所以很容易对工件进行"四面加工"，且在很多方面胜过带数控转盘的立式数控铣床，因此目前越来越受到重视。卧式数控铣床的横向运动是连续的，所以和通用卧式铣床相比，它没有固定圆盘铣刀刀杆的移出托板和托架。

（3）立卧两用数控铣床

图 6-2（c）所示为立卧两用数控铣床。立卧两用数控铣床的主轴方向的更换有两种方法：自动和手动。采用数控万能主轴头的立卧两用数控铣床，其主轴头可以任意改变方向，以加工出与水平面成不同角度的工件表面。当立卧两用数控铣床增加数控转盘以后，甚至可以对工件进行"五面加工"。"五面加工"是指除了工件与转盘贴合的定位面，其余表面都可以在一次装夹中进行加工。

（4）龙门数控铣床

图 6-2（d）所示为龙门数控铣床，其主轴固定在龙门架上，主轴可在龙门架的横向与垂直导轨上移动，而龙门架则沿床身做纵向移动。龙门数控铣床一般是大型数控铣床，主要用于大型机械零件及大型模具的加工。

（5）数控加工中心

图 6-2（e）、（f）所示分别为立式加工中心和卧式加工中心。加工中心与数控铣床相比，增加了刀库及刀具交换系统。

此外，数控铣床还可以根据控制坐标轴的联动数和伺服控制方式分类。数控铣床按控制坐标轴的联动数分为二轴联动数控铣床、三轴联动数控铣床、多轴联动数控铣床。二轴联动数控铣床可将三轴中的任意两轴联动；三轴联动数控铣床，可三轴同时联动；多轴联动数控铣床，可多轴同时联动，如四轴联动、五轴联动数控铣床。

按伺服控制方式，数控铣床可分为开环控制、闭环控制、半闭环控制和混合控制四大类。

6.2.2　数控铣床的组成

数控铣床是由普通铣床发展而来的一种数字程序控制机床。它将零件加工过程中所需的各种操作和步骤，以及刀具与工件之间的相对位移量都用数字化的代码表示，通过控制介质和数控面板等将数字信息输入专用或通用的计算机，由计算机对输入的信息进行处理与运算，发出各种指令来控制机床的伺服系统或其他执行机构，从而自动加工出所需要的零件。因此，它是一个高度集成的机电一体化产品。

微课

数控铣床的组成

数控铣床的组成部分包括铣床本体、数控系统、伺服系统和辅助装置。

（1）铣床本体

数控铣床的机械加工部分即数控铣床本体，是数控铣床的机械结构实体部分。与普通机床相比，它同样由主传动系统、进给系统、床身、立柱和工作台等部分组成，但数控铣床的整体布局、外观造型、传动机构、工具系统及操作界面等方面都发生了很大变化，以满足数控技术的要求和充分发挥数控机床的优势。

数控铣床的本体通常是指床身、立柱、横梁、工作台、底座等结构件，由于其尺寸较大（俗称大件），构成了机床的基本框架。其他部件附着在基本框架上，有的部件还需要沿着基本框架运动。由于基本框架起着支撑和导向的作用，因而对基本框架的基本要求是刚度好。此外，由于基本框架通常固有频率较低，在设计时还希望它的固有频率尽量高一些，阻尼尽量大一些。

（2）数控系统

数控系统包括程序输出/输入设备、数控装置、可编程控制器、主轴控制单元和进给控制单元等。其中数控装置通常称为数控或计算机数控，图 6-3 所示为数控系统结构简图。

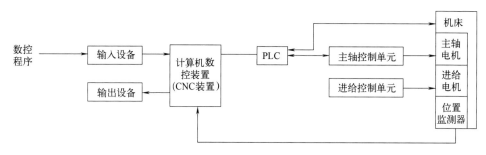

图 6-3　数控系统结构简图

现代的数控装置都是采用计算机作为核心，通过内部信息处理过程来控制数控铣床。数控装置通过主轴控制单元控制主轴电机的运行，通过各坐标轴的进给控制单元控制数控铣床在各坐标轴上的运动，通过可编程控制器控制铣床的开关电路。数控操作人员可通过数控装置上的操作面板进行各种操作，或通过通信接口进行远程操作。操作情况及一些内部信息处理结果在数控装置的显示器中显示。

① 计算机数控（CNC）系统的内部工作过程。CNC 系统的内部工作过程如图 6-4 所示。一般情况下，在数控加工之前，启动 CNC 系统，读入数控加工程序。此时，在数控装置内部的控制程序（或称执行程序、控制软件）作用下，通过程序输入装置或输入接口读入数控零件加工程序，并存放于 CNC 系统的零件加工程序存储器或存储区域内。当开始加工时，在控制程序作用下将零件加工程序从存储器中取出，按程序段进行处理。先进的译码处理程序将零件加工程序中的信息转换成计算机便于处理的内部形式，将程序段的内容分成位置数据（包括 X、Y、Z 位置数据）和控制指令（如 G、F、M、S、T、H、L 控制指令）并存放于相应的存储区域。根据数据和指令的性质，大致进行三种流程处理：位置数据处理、主轴驱动处理及机床开关功能控制。

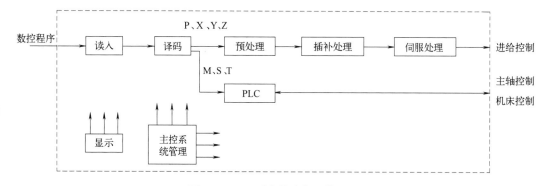

图 6-4　CNC 系统的内部工作过程

② CNC 系统的主要功能。CNC 系统采用了微处理器、存储器、接口芯片等，通过软件实现了许多过去难以实现的功能，因此 CNC 系统的功能要比 NC 系统的功能丰富得多，更加适应数控铣床的复杂控制要求，适应 FMS 和 CIMS 的需要。

CNC 系统的控制功能、准备功能、插补功能、进给功能、刀具功能、主轴功能、辅助功能、字符显示功能、自诊断功能等都是数控必备的基本功能。补偿功能、固定循环功能、图形显示功能、通信功能、人机对话编程等功能都是 CNC 系统特色的选择功能。这些功能的有机组合，可以满足不同用户的要求。由于 CNC 系统用软件实现各种功能，不仅有利于对功能的不断完善，使用也更加方便。

③ 常用数控系统的种类与特点。数控系统可以控制铣床实现二轴、三轴或多轴联动加工。数控系统控制联动的进给轴数越多，加工过程中数控系统的计算数据量就越大，要求数控装置的计算速度也越快，从而导致数控系统的结构更加复杂，数控铣床的制造成本大大提高。目前常用的数控系统重要的有 FANUC 数控系统、SIEMENS 数控系统、广数 983 数控系统、华中数控系统。

（3）伺服系统

伺服系统是连接数控（CNC）系统和铣床本体的关键部分，它接收来自数控系统的指令，经过转换和放大，驱动执行件实现预期的运动，并将运动结果反馈回去与输入指令相比较，直至与输入指令之差为零。伺服系统的性能直接关系到数控铣床执行件的静态和动态特性，影响其工作精度、负载能力、响应快慢和稳定程度等。所以，至今伺服系统还被看作是一个独立部分，与数控系统、铣床本体、辅助装置并列为数控机床的四大组成部分。

按 ISO 标准，伺服系统是一种自动控制系统，其中包含功率放大和反馈，从而使得输出量的值紧密地对应输入量的值。它与一般机床进给系统有着本质的不同，进给系统的作用在于保证切削过程能够继续进行，不能控制执行件的位移和轨迹。伺服系统可以根据一定的指令信息，加以转换和放大，通过反馈能控制执行件的速度、位置以及一系列位置所形成的轨迹。

伺服系统一般由驱动控制单元、驱动元件、机械传动部件、执行件和检测反馈环节等组成。驱动控制单元和驱动元件组成伺服环节，机械传动部件和执行件组成机械传动环节。

目前在数控铣床上，已经很少采用液压伺服系统，驱动元件主要是各种伺服电机。在小型和经济型数控铣床上还使用步进电机，中高档数控铣床几乎都采用直流伺服电机和交流伺服电机。全数字伺服驱动控制单元已得到广泛采用。

伺服系统是一种反馈控制系统，以脉冲指令为输入给定值，与输出被调量进行比较，利用偏差值对系统进行自动调节，以消除偏差，使被调量跟踪给定值。所以，伺服系统的运动来源于偏差信号，必须具有负反馈电路，并始终处于过渡过程状态，而在运动过程中实现了力的放大，伺服系统必须有一个不断输入能量的能源。外加负载可以视为系统的扰动输入。

基于伺服系统的工作原理，除要求伺服系统具备良好的静态特征外，其还应具备优异的动态特征。伺服系统除满足运动的要求外，还应有良好的动力学特征。

1）伺服系统的分类

① 开环控制系统。开环控制系统是数控铣床中最简单的伺服系统，其控制原理如图 6-5 所示。

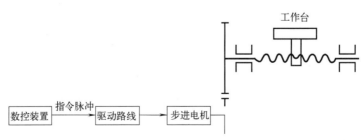

图 6-5　开环控制系统

在开环控制系统中，数控装置发出的指令脉冲经驱动路线送到步进电机，使其输出轴转过一定的角度，再通过齿轮副和丝杠螺母副带动机床工作台移动。指令脉冲的频率决定步进电机的旋转速度，指令脉冲数决定转角的大小。由于没有检测反馈装置，系统中各个部位的误差如步进电机的步距误差、启停误差、机械系统的误差（方向间隙、丝杠螺距误差）等合成为系统的位置误差，所以精度比较低，而且速度也受到步进电机性能的限制。但由于其结构简单、易于调整，在精度要求不太高的场合中仍然应用比较广泛。

② 闭环控制系统。因为开环控制系统的精度不能很好地满足数控铣床的要求，所以为了保证加工精度，最根本的办法是采用闭环控制系统。闭环控制系统是采用直线型位置检测装置（如直线感应同步器、长光栅等）对数控铣床工作台位移进行直接测量并进行反馈控制的位置伺服系统，其控制原理如图 6-6 所示。

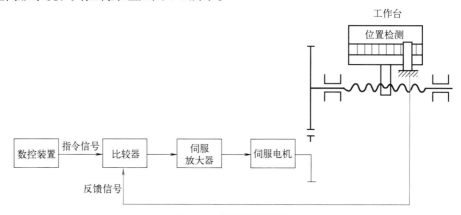

图 6-6　闭环控制系统

在闭环控制系统中，数控铣床移动的位置通过检测装置进行检测，并将测量的实际位置反馈到输入端与指令位置进行比较。如果两者存在偏差，将此偏差信号放大，并控制伺服电机带动数控机床移动部件朝着消除偏差的方向进给，直到偏差等于零为止。

由于闭环控制系统将数控铣床本身包括在位置控制环之内，因此机械系统引起的误差可由反馈控制得以消除，但受到数控铣床本身的固有频率、阻尼、间隙等因素的影响，增大了设计和调试的困难。闭环控制系统的特点是精度高、系统结构复杂、制造成本高、调试维修困难，一般适用于大型精密铣床。

③ 半闭环控制系统。采用旋转型角度测量元件（脉冲编码器、旋转变压器、感应同步器等）和伺服电机按照反馈控制原理构成的位置伺服系统，称为半闭环控制系统，其控制原理如图 6-7 所示。半闭环控制系统的检测装置有两种安装方式。

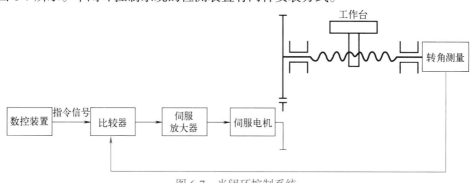

图 6-7　半闭环控制系统

a. 角位移检测装置安装在丝杠末端。由于丝杠的方向间隙和螺距误差等机械传动部件的误差限制了位置精度，因此半闭环控制系统比闭环控制系统的精度差；另一方面，由于数控铣床移动部件、滚动丝杠螺母副的刚度和间隙都在反馈控制环以外，因此稳定性比闭环控制系统好。

b. 角位移检测装置安装在电动机轴端。和上一种半闭环控制系统相比，丝杠在反馈控制环以外，位置精度较低，但是安装调试简单，控制稳定性更好，所以应用比较广泛。

和闭环控制系统相比较，半闭环控制系统的精度要差一些，但其驱动功率大，快速响应好，因此适用于各种数控铣床。半闭环控制系统的机械误差可以在数控装置中通过间隙补偿和螺距误差补偿来减少。

2）数控铣床对伺服系统的要求

① 高稳定性。稳定性是指系统在给定输入或外界作用下，能在短暂的调节之后到达新的或者回到原有平衡状态的性能。数控铣床稳定性的好坏将直接影响数控加工的精度和表面质量。

② 高精度。数控铣床是按预定的程序自动进行加工的，不可能像普通铣床那样用手动操作来调整和补偿各种因素对加工精度的影响，故要求它本身具有高的定位精度（1μm 甚至 0.1μm）和轮廓切削精度，以保证加工质量的一致性，保证复杂曲线、曲面零件的加工精度。

③ 快速响应。要求伺服系统跟踪指令信号的响应要快。一般过渡过程都要求在 200ms 以内，甚至小于几十毫秒，而且过渡过程的前沿要陡，即斜率大，以保证轮廓切削的形状精度和良好的加工表面精度。

④ 调速范围宽。数控铣床加工时，由于加工所用刀具、被加工材料以及零件加工要求的不同，为保证在任何情况下都能得到最佳切削条件，就要求伺服系统有足够的调速范围。目前最先进的水平是当脉冲当量为 1μm 时，进给速度从 0 到 240m/min 连续可调。对一般数控铣床而言，要求在 0 ~ 24m/min 的进给速度下能稳定、均匀、无爬行地工作。

⑤ 低速大转矩。数控铣床常在低速下进行切削，故要求伺服系统能输出较大的转矩。普通加工直径为 400mm 的铣床，纵向和横向驱动转矩都需在 10N·m 以上。因此，数控铣床的进给系统的传动链应尽量短，传动副的摩擦因数应尽量小，并减少间隙、提高刚度、减少惯量、提高效率。

（4）辅助装置

辅助装置是数控铣床上为加工服务的配套部分，主要包括液压和气动系统、冷却和润滑系统、回转工作台、自动排屑装置、过载和保护装置等。

数控铣床是一种高效率的加工设备，当零件被装夹在工作台上以后，应尽可能完成较多工序或者一次装夹后完成所有加工工序，以扩大工艺范围和提高铣床利用率。除要求铣床可沿 *X*、*Y*、*Z* 三个坐标轴直线运动之外，还要求工作台在圆周方向有进给运动和分度运动。通常回转工作台可以实现上述运动，用以进行圆弧加工或与直线联动进行曲面加工，以及利用工作台精确地自动分度，实现箱体类零件各个面的加工。

数控回转工作台（图 6-8）的主要功能有两个：一

图 6-8　数控回转工作台

是工作台进给分度运动，即在非切削时，装有工件的工作台在整个圆周（360°范围内）进行分度旋转；二是工作台做圆周方向进给运动，即在进行切削时，与 X、Y、Z 三个坐标轴进行联动，以加工复杂的空间曲面。

数控回转工作台主要应用于铣床等。在加工复杂的空间曲面方面（如航空发动机叶片、船用螺旋桨等），由于回转工作台具有圆周进给运动，易于实现与 X、Y、Z 三坐标轴的联动，但需与高性能的数控系统相配套。

其他辅助装置主要有润滑、冷却、排屑和监控等装置。由于数控铣床是生产效率极高并可以长时间实现自动化加工的机床，因而润滑、排屑、冷却问题比传统铣床更为突出。大切削量的加工需要强力冷却和及时排屑，冷却不足或排屑不畅会严重影响刀具的寿命，甚至使得加工无法继续进行。

 ## 任务实施

选择数控铣床

（1）数控铣床主要技术参数

以加工中心（KVC650）进行加工，KVC650 主要参数见 6-2。

表 6-2　加工中心机床主要参数

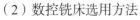

工作台尺寸 （长 × 宽）/mm	1370 × 405	主轴锥孔 / 刀柄形式	24ISO40/BT40 （MAS403）
工作台最大纵向行程 /mm	650	主配控制系统	FANUC 0i Mate-MC
工作台最大横向行程 /mm	450	换刀时间 /s	6.5
主轴箱垂向行程 /mm	500	主轴转速范围 /（r/min）	60 ～ 6000
工作台 T 形槽 （槽数 - 宽度 × 间距）/mm	5-16 × 60	快速移动速度 /（mm/min）	10000
主电动机功率 /kW	5.5/7.5	进给速度 /（mm/min）	5 ～ 8000
脉冲当量 /（mm/ 脉冲）	0.001	工作台最大承载 /kg	700
机床外形尺寸 （长 × 宽 × 高）/mm	2540 × 2520 × 2710	机床重量 /kg	4000

（2）数控铣床选用方法

在选择铣床时，应注意以下几点。

① 铣床精度应与工件加工精度要求相适应。铣床精度过低，不能保证加工精度；铣床精度过高，又会增加工件的制造成本。因此，应根据工件的精度要求合理选择。在缺乏精密设备时，可通过设备改造实现"以粗干精"。

② 铣床规格应与工件的外形尺寸相适应，即大件用大铣床、小件用小铣床。

③ 铣床的生产效率应与工件的生产类型相适应。单件小批生产用通用设备或数控铣床，大批大量生产应选高效专用设备。

④ 铣床的选择还应与现有条件相适应。要根据现有设备类型、规格、精度状况及设备负荷状况、外协条件等确定。

考核评价小结

（1）数控铣床的认识与选择形成性考核评价（30%）

数控铣床的认识与选择形成性考核评价由教师根据学生考勤、课堂表现等进行，评价见表 6-3。

表 6-3　数控铣床的认识与选择形成性考核评价

小组	成员	考勤	课堂表现	汇报人	补充发言 自由发言
1					
2					
3					

（2）数控铣床的认识与选择工艺设计考核评价（70%）

数控铣床的认识与选择工艺设计考核评价由学生自评、小组内互评、教师评价三部分组成，评价见表 6-4。

表 6-4　数控铣床的认识与选择工艺设计考核评价

序号	项目名称		配分	自评 （15%）	互评 （20%）	教评 （65%）	得分
	评价项目	扣分标准					
1	零件制造要求分析	不合理，扣 10～20 分	20				
2	零件生产规模分析	不合理，扣 10～20 分	20				
3	工作台尺寸选择	不合理，扣 10～20 分	20				
4	精度选择	不合理，扣 10～20 分	20				
5	结合本单位情况	不合理，扣 10～20 分	20				
互评小组			指导教师			项目得分	
备注			合计				

 拓展练习

图 6-9 所示为垫块零件，根据零件加工的需要，请选择适当的数控铣床或加工中心。

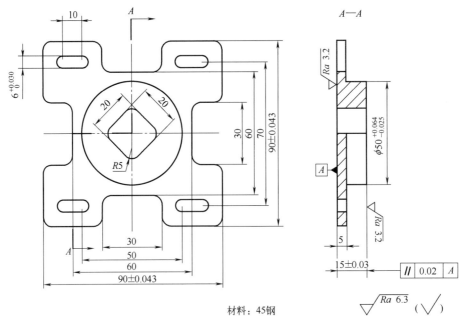

材料：45钢

图 6-9 垫块零件

项目 **7**
数控铣削刀具及夹具选择

 项目概述

在本项目中学生要根据零件类型选择相应的铣刀和夹具，零件图如图 7-1 所示。本项目融合了铣刀和夹具的基础知识，学生应该初步掌握铣刀和夹具的分类、应用以及在实际应用中如何选择。通过对典型零件在加工中的铣刀和夹具的选择，使学生掌握刀具和夹具的选择方法，了解刀具的结构以及夹具的定位与夹紧。

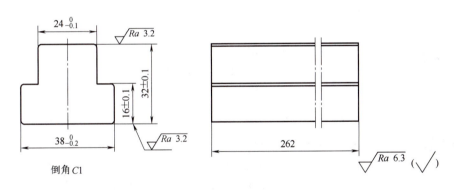

图 7-1　台阶零件

 教学目标

▶▶ **1. 知识目标**

① 认识铣刀的类型，了解铣刀的常用材料。
② 掌握铣刀的组成部分及作用。
③ 了解铣刀的安装。
④ 了解工件的定位与夹紧。
⑤ 掌握平口虎钳以及压板装夹工件。

▶▶ 2. 能力目标

① 能正确分析零件结构。

② 能根据零件加工需要正确选择刀具。

③ 能根据零件装夹需要正确选择夹具。

▶▶ 3. 素质目标

① 培养学生遵守行业规范的良好行为习惯。

② 培养学生认真负责、踏实敬业的工作态度和严谨求实、一丝不苟的工作作风。

③ 培养学生敬业、精益、专注、创新等方面的工匠精神。

学海导航

大国工匠 - 高凤林

🔬 任务描述

板类零件是一种机械中常见的零件。本项目针对典型板类零件设有如下任务。

① 加工板类零件铣刀的选择。

② 加工板类零件夹具的选择。

📁 相关知识

7.1 数控铣刀的认识

微课

铣刀的种类

7.1.1 铣刀的种类

（1）按照铣刀用途分类

① 铣平面用铣刀如图 7-2 所示。其中，圆柱铣刀用于卧式铣床，机夹式端面铣刀用于立式铣床，整体式端面铣刀用于卧式铣床或立式铣床。

(a) 圆柱铣刀　　　　　　　(b) 机夹式端面铣刀　　　　　　　(c) 整体式端面铣刀

图 7-2　铣平面用铣刀

② 铣沟槽用铣刀如图 7-3 所示。立铣刀、键槽铣刀、三面刃铣刀、错齿三面刃铣刀主要用于加工台阶面和沟槽；对称双角度铣刀、单角度铣刀、T 形槽铣刀、燕尾槽铣刀主要用

于加工成形沟槽，如燕尾槽、T 形槽等；锯片铣刀主要用于加工深沟槽和切断工件；螺纹铣刀用于加工螺纹。

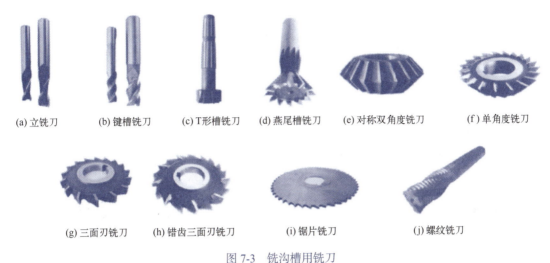

(a) 立铣刀　　(b) 键槽铣刀　　(c) T形槽铣刀　　(d) 燕尾槽铣刀　　(e) 对称双角度铣刀　　(f) 单角度铣刀

(g) 三面刃铣刀　　(h) 错齿三面刃铣刀　　(i) 锯片铣刀　　(j) 螺纹铣刀

图 7-3　铣沟槽用铣刀

③ 铣圆弧用铣刀如图 7-4 所示。常用于铣削半圆等成形面。

④ 铣曲面用的铣刀如图 7-5 所示。球头铣刀是刀刃类似球头的装配于铣床上用于铣削各种曲面、圆弧沟槽的刀具。球头铣刀也叫 R 刀，属于立铣刀。

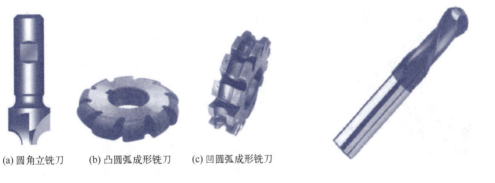

(a) 圆角立铣刀　　(b) 凸圆弧成形铣刀　　(c) 凹圆弧成形铣刀

图 7-4　铣圆弧用铣刀

图 7-5　铣曲面用的铣刀（球头铣刀）

（2）按照铣刀齿背形状分类

① 尖齿铣刀。尖齿铣刀的刀齿截面上，齿背由直线或折线构成。这类铣刀齿刃锋利，刃磨方便，制造比较容易，生产中常用的三面刃铣刀、圆柱形铣刀都是尖齿铣刀，其齿背形状如图 7-6 所示。

② 铲齿铣刀。铲齿铣刀也叫曲线齿背铣刀，这种铣刀是在铲齿机床上铲出来的。铲齿铣刀的刀齿截面上，齿背是阿基米德螺旋线。它的刀齿用钝后刃磨时只磨前刀面，而不磨后刀面，这样齿背处的曲线形状就不会产生变化，刀齿截面形状一直保持着原有的形状。铲齿铣刀多用于成形铣刀，如齿轮铣刀、凸半圆铣刀、凹半圆铣刀等，其齿背形状如图 7-7 所示。

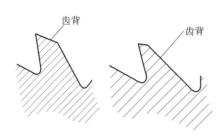

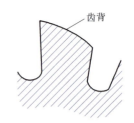

图 7-6　尖齿铣刀齿背形状　　　图 7-7　铲齿铣刀齿背形状

微课

铣刀的组成和作用

7.1.2　铣刀的组成部分和作用

　　铣刀是多刃刀具，每一个刀齿相当于一把简单的刀具（如车刀）。刀具上起切削作用的部分称为切削部分（多刃刀具有多个切削部分），它是由切削刃、前［刀］面及后［刀］面等组成。

　　（1）铣削时工件上形成的表面

　　图 7-8 所示为在简单的单刃刀具切削情形下，铣削刀具各部分的名称和几何角度。

　　① 待加工表面：工件上有待切除的表面。

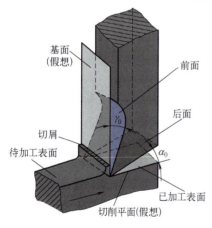

图 7-8　铣削刀具切削时各部分
的名称和几何角度

　　② 已加工表面：工件上经刀具切削后产生的表面。

　　（2）辅助平面

　　① 基面是一个假想的平面。它是通过切削刃上选定点并与该点切削速度方向垂直的平面。

　　② 切削平面是一个假想的平面。它是通过切削刃上选定点并与基面垂直的平面。在图 7-8 中，切削平面与已加工平面重合。

　　（3）铣刀的主要刃面和几何角度

　　① 前面：刀具上切屑流过的表面。

　　② 后面：与工件上已加工表面相对的表面。

　　③ 切削刃：刀具前面与后面的连接部位。

　　④ 前角：前面与基面之间的夹角，符号是 γ_0。

　　⑤ 后角：后面与切削平面之间的夹角，符号是 α_0。

　　（4）圆柱形铣刀

　　圆柱形铣刀可以看成是几把切刀均匀分布在圆周面上，如图 7-9 所示。由于铣刀呈圆柱形［图 7-9（a）］，所以铣刀的基面是通过切削刃上选定点和圆柱轴线的平面。铣刀各部分的名称和几何角度如图 7-9（b）所示。

　　切削过程中，工件上会形成三种表面，即待加工表面、已加工表面和过渡表面。过渡表面是工件上由切削刃形成的那部分表面，它在下一切削行程中被切除，如图 7-9（b）所示，过渡表面可以理解为待加工表面与已加工表面之间的连接表面。

　　为了使铣削平稳、排屑顺利，圆柱形铣刀的刀齿一般都做成螺旋形，如图 7-10 所示。螺旋齿刀刃的切线与铣刀轴线之间的夹角称为圆柱形铣刀的螺旋角，符号是 β。

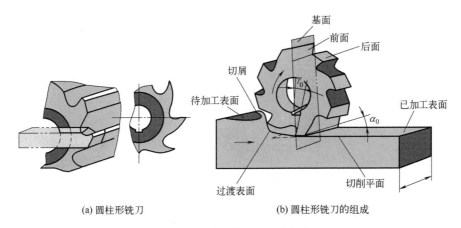

(a) 圆柱形铣刀 (b) 圆柱形铣刀的组成

图 7-9 圆柱形铣刀及组成部分

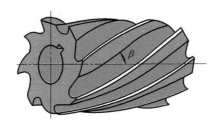

图 7-10 螺旋齿圆柱形铣刀及螺旋角

（5）三面刃铣刀

三面刃铣刀的构成如图 7-11 所示，它可以看成是几把简单的切刀均匀分布在圆周上，如图 7-11（a）所示。一把切刀切削的情形如图 7-11（b）所示，为了减少刀具两侧的摩擦，切刀两侧加工出副后角 α_0' 和副偏角 κ_r'。

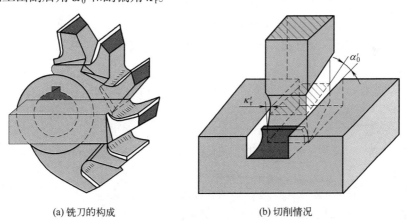

(a) 铣刀的构成 (b) 切削情况

图 7-11 三面刃铣刀的构成

三面刃铣刀圆柱面上的切削刃是主切削刃。主切削刃有直齿和斜齿（螺旋齿）两种，斜齿三面刃铣刀的刀齿间隔地向两个方向倾斜，故称错齿三面刃铣刀。三面刃铣刀两侧面上的切削刃是副切削刃。

（6）端铣刀

端铣刀可以看成是几把外圆车刀平行铣刀轴线沿圆周均匀分布在刀体上，如图 7-12 所示。端铣刀的主切削刃与已加工表面之间的夹角是主偏角，副切削刃与已加工表面之间的夹角是副偏角 κ_r'。主切削刃在基面上倾斜的角度是刃倾角 λ_s。

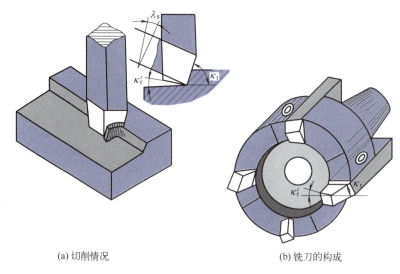

(a) 切削情况   (b) 铣刀的构成

图 7-12   端铣刀的构成

7.1.3   铣刀材料

微课

铣刀的材料和安装

（1）对铣刀切削部分材料的要求

① 高的硬度。铣刀切削部分材料的硬度必须高于工件材料的硬度。其常温下硬度一般要求在 60HRC 以上。

② 良好的耐磨性。耐磨性是材料抵抗磨损的能力。具有良好的耐磨性，铣刀才不易磨损，以延长使用时间。

③ 足够的强度和韧性。足够的强度可以保证铣刀在承受很大切削力时不致断裂和损坏；足够的韧性可以保证铣刀在受冲击和振动时不会产生崩刃和碎裂。

④ 良好的热硬性。热硬性是指切削部分材料在高温下仍能保持正常进行所需的硬度、耐磨性、强度和韧性的能力。

⑤ 良好的工艺性。一般指材料的可锻性、可焊接性、切削加工性、可刃磨性、高温塑性、热处理性能等。工艺性越好，越便于制造，对形状比较复杂的铣刀，尤显重要。

（2）常用铣刀材料

常用的铣刀切削部分材料有高速工具钢和硬质合金两大类。

① 高速工具钢是以钨、铬、钒、铝、钴为主要合金元素的高合金工具钢，由于含有大量高硬度的碳化物，热处理后硬度可达 63 ~ 70HRC，热硬性温度达 550 ~ 600℃（在 600℃高温下硬度为 47 ~ 55HRC），具有较好的切削性能，切削速度一般为 16 ~ 35m/min。

高速工具钢的强度较高，韧性也较好，能磨出锋利的刃口，且具有良好的工艺性，是制造铣刀的良好材料。一般形状较复杂的铣刀都是由高速工具钢制成的。但高速工具钢耐热性较差，不适应高速切削。

常用的高速工具钢牌号有 W18Cr4V、W6Mo5Cr4V2 等。

② 硬质合金是以钴为黏结剂，将高硬度难熔的金属碳化物（WC、TiC、TaC、NbC 等）粉末用粉末冶金方法黏结制成的。其常温硬度达 89～94HRA，热硬性温度高达 900～1000℃，耐磨性好，切削速度可比高速工具钢高 4～7 倍，可用作高速切削和加工硬度超过 40HRC 的硬材料。但其韧性差，不能承受较大的冲击力，因此低速切削性能差。

常用的硬质合金有以下三类。

a. 钨钴类（K 类）。由碳化钨和黏结剂钴组成。其抗弯强度较高，冲击韧性和导热性较好，主要用来切削脆性材料，如铸铁、青铜等。常用牌号有 YG8、YG6、YG3（分别相近于 ISO 中的 K20、K10、K01）等。

b. 钨钛钴类（P 类）。由碳化钨、碳化钛和黏结剂钴组成。其硬度高，耐热性好，但冲击韧性差，主要用来切削韧性材料，如碳钢等。常用牌号有 YT5、YT15、YT30（相近于 ISO 中的 P30、P10、P01）等。

c. 钨钛钽（铌）钴类（M 类）。在钨钛钴类硬质合金中加入少量碳化钽 TaC（碳化铌 NbC）后派生而成。碳化钽的加入提高了硬质合金的强度、韧性、耐热性和抗氧化能力，主要用来切削不锈钢、耐热钢、高强度钢等难切削材料。此外，也能适应一般钢件、铸铁、有色金属材料的切削，因而称为通用硬质合金。常用牌号有 YW1、YW2（相当于 ISO 中的 M10、M20）等。

7.1.4　铣刀的安装

安装铣刀是铣削前必要的准备工作（图 7-13），其安装方法正确与否决定了铣刀的运动精度，并直接影响铣削质量和铣刀的耐用度。

① 直柄铣刀的安装。常用弹簧夹头来安装，如图 7-13（a）所示。安装时，收紧螺母，使弹簧套做径向收缩而将铣刀的直柄夹紧。

② 锥柄铣刀的安装。当铣刀锥柄尺寸与主轴端部锥孔相同时，可直接装入锥孔，并用拉杆拉紧，否则要用过渡套进行安装，如图 7-13（b）所示。

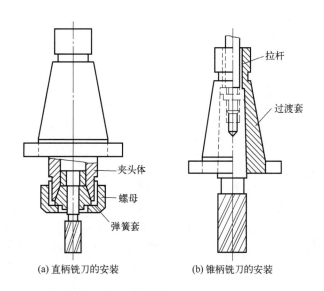

(a) 直柄铣刀的安装　　(b) 锥柄铣刀的安装

图 7-13　带柄铣刀的安装

7.1.5 台阶零件的刀具卡

根据台阶零件的特点，选择其加工刀具，填写刀具卡，见表 7-1。

表 7-1　台阶零件刀具卡

序号	在卧式铣床上加工		在立式铣床上加工	
	铣刀名称	铣削工件表面	铣刀名称	铣削工件表面
1	圆柱铣刀	铣毛坯四面	端铣刀	铣毛坯四面
2	三面刃铣刀	铣两侧台阶	立铣刀	铣两侧台阶、倒角
3	角度铣刀	倒角		

7.2 铣削工件安装

在机械加工过程中，工件必须相对刀具和机床具有正确的位置，才能保证切削运动满足加工要求。用于保证工件相对于刀具和机床具有正确的位置，并使这个位置在批量加工过程中不因外力的影响而变动的工艺装备，称为机床夹具。因此，在机械加工中，夹具是工件、机床、刀具之间的桥梁，夹具的合理与否直接影响工件的加工精度。

一般情况下，机床夹具具有将工件在夹具中定位和夹紧两大基本功能。在机床上确定工件相对于刀具的正确位置，以保证被加工表面达到所规定的技术要求的过程称为定位。在已定好的位置上将工件固定下来并可靠地夹住，防止在加工时工件因受到切削力、惯性力、离心力、重力及冲击和振动等影响，发生位置移动而破坏定位的过程称为夹紧。工件的装夹方法较多，这里只介绍工件装夹的常用方法。

微课

工件的定位和夹紧

7.2.1 工件的定位与夹紧

（1）工件定位

1）定位与定位基准

① 工件的定位。确定工件在机床或夹具中处于正确位置的过程称为工件的定位。

工件定位的目的是使同一批工件逐次放入夹具中都能处于同一正确的加工位置。工件的定位是靠工件上的某些表面和夹具中的定位元件（或位置）相接触来实现的。

② 定位基准。定位时，用来确定工件在夹具中的位置所依据的点、线、面称为定位基准。

定位基准一旦确定，工件的其他部分的位置也随之确定。图 7-14 所示的零件的内孔套在心轴上加工 ϕ46h6mm 外圆时，内孔中心线即为定位基准。加工一个表面，往往需要数个定位基准。

作为定位基准的点、线、面，在工件上不一定存

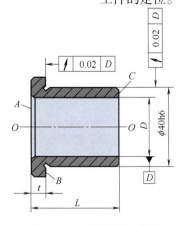

图 7-14　工件的定位基准

在，但必须由相应的实际表面来体现。这些实际存在的表面称为定位基面。

2）工件的六点定位原理

① 自由度。一个物体在空间中可能具有的运动称为自由度。任何一个工件在定位前，它在夹具中的位置都是任意的，因此可以将它看成是在空间直角坐标系中的自由体，共有 6 个自由度。如图 7-15 所示的工件，它既能沿 x、y、z 3 个坐标轴移动（称为移动自由度，分别表示为 $\vec{x}$、$\vec{y}$、$\vec{z}$），又能绕 x、y、z 3 个坐标轴转动（称为转动自由度，分别表示为 $\hat{x}$、$\hat{y}$、$\hat{z}$）。

② 六点定位原理。由上述可知，如果要使一个自由刚体在空间有一个确定的位置，就必须设置相应的 6 个约束，分别限制刚体的 6 个自由度。在讨论工件的定位时，工件就是我们所指的自由刚体。如果工

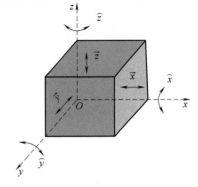

图 7-15 工件的 6 个自由度

件的 6 个自由度都加以限制了，工件在空间的位置也就完全被确定下来了。因此，定位实质上就是限制工件的自由度。

分析工件定位时，通常是用一个支承点限制工件的 1 个自由度。用合理设置的 6 个支承点限制工件的 6 个自由度，使工件在夹具中的位置完全确定，这就是六点定位原理。

例如图 7-16 所设置的 6 个固定点，长方体的 3 个面分别与这些点保持接触，长方体的 6 个自由度均被限制。其中，xOy 平面上呈三角形分布的 3 个点限制了 $\vec{z}$、$\hat{y}$、$\hat{z}$ 6 个自由度；yOz 平面内的 2 个点限制了 $\vec{x}$、$\hat{z}$ 2 个自由度；xOz 平面内的一点限制了 $\hat{y}$ 1 个自由度。

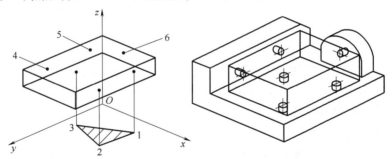

图 7-16 长方体定位时支撑点的分布

a. 定位支承点是由定位元件抽象而来的。在夹具的实际结构中，定位支承点是通过具体的定位元件体现的，即支承点不一定用点或销的顶端，而常用面或线来代替。根据数学概念可知，2 个点决定 1 条直线，3 个点决定 1 个平面，即 1 条直线可以代替 2 个支承点，1 个平面可代替 3 个支承点。在具体应用时，还可用窄长的平面（条形支承）代替直线，用较小的平面来代替点。

b. 定位支承点与工件定位基准面始终保持接触，才能起到限制自由度的作用。

c. 分析定位支承点的定位作用时，不考虑力的影响。工件的某一自由度被限制，是指工件在某个坐标方向有了确定的位置，并不是指工件在受到使其脱离定位支承点的外力时不能运动。使工件在外力作用下不能运动，要靠夹紧装置来完成。

3）定位的种类

① 完全定位。完全定位是指不重复地限制工件的 6 个自由度的定位。当工件在 x、y、z

3 个坐标轴方向上均有尺寸要求或位置精度要求时，一般采用这种定位方式，如图 7-16 所示。

② 不完全定位。根据工件的加工要求，有时并不需要限制工件的全部自由度，这样的定位方式称为不完全定位，如图 7-17 所示。工件在定位时应该限制的自由度数目应由工序的加工要求确定，不影响加工精度的自由度可以不加限制。采用不完全定位可简化定位装置，因此不完全定位在实际生产中也广泛应用。

③ 欠定位。根据工件的加工要求，应该限制的自由度没有完全被限制的定位称为欠定位。欠定位无法保证加工要求，因此，在确定工件在夹具中定位的方案时，决不允许有欠定位的现象产生。

④ 过定位。夹具上的 2 个或 2 个以上的定位元件重复限制同 1 个自由度的现象，称为过定位。如图 7-18 所示，心轴的大端面限制的自由度为 x、z 轴方向的转动，y 轴方向的移动；心轴的长销限制的自由度为 x、y 轴方向的移动和转动。即 x 轴方向的转动和 y 轴方向的移动被重复限制。

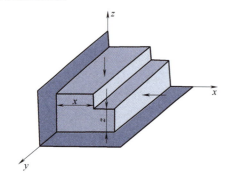 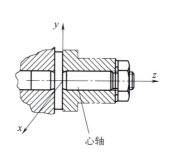

图 7-17　不完全定位分析示例　　图 7-18　过定位分析示例

消除或减少过定位引起的干涉一般有两种方法：一是改变定位元件的结构，如缩小定位元件工作表面的接触长度，或者减小定位元件的配合尺寸，增大配合间隙等；二是控制或者提高工件定位基准之间以及定位元件工作表面之间的位置精度。

（2）工件的夹紧

工件定位后将其固定，使其在加工过程中保持定位位置不变的装置，称为夹紧装置。

1）对夹紧装置的基本要求

① 夹紧时，应保证工件的位置正确。

② 夹紧要牢固可靠，并保证工件在加工过程中位置不变。

③ 操作方便，安全省力，夹紧速度快。

④ 结构简单，制造方便，并有足够的刚性和强度。

2）夹紧时注意事项

① 夹紧力的大小。夹紧力既不能太大，也不能太小。太大会使工件变形，太小就不能保证工件在加工中的正确位置。因此，夹紧力要大小适当。

在生产实践中，所需夹紧力的大小通常按经验或类比法确定。

② 夹紧力的方向应注意如下两点。

a. 尽量垂直于工件的主要定位基准面。

b. 尽量与切削力的方向保持一致。

③夹紧力的作用点应注意如下三点。

a.应尽量落在主要定位面上，以保证夹紧稳定可靠。

b.应与支承点对应，并尽量作用在工件刚性较好的部位，以减少工件变形，如图 7-19 所示。

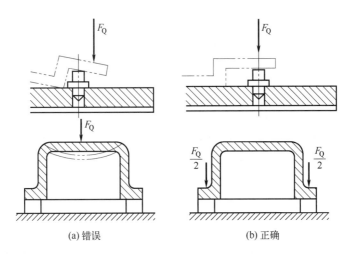

图 7-19　夹紧力的作用点

c.夹紧力的作用点应尽量靠近加工表面，防止工件振动变形。若无法靠近，应采用辅助支承，如图 7-20 所示。

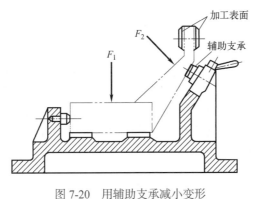

图 7-20　用辅助支承减小变形

微课

平口虎钳装夹工件

7.2.2　用平口虎钳装夹工件

（1）平口虎钳

平口虎钳是铣床上用来装夹工件的夹具。铣削一般长方体工件的平面、台阶面、斜面和轴类工件的键槽时，都可以用平口虎钳来装夹。

1）平口虎钳的结构

常用的平口虎钳有回转式和非回转式两种。图 7-21 所示为回转式平口虎钳，主要由固定钳口、活动钳口、底座等组成。钳体能在底座上扳转任意角度。非回转式平口虎钳结构与回转式平口虎钳基本相同，只是底座没有转盘，钳体不能扳转。

回转式平口虎钳使用方便，适应性强，但由于多了一层转盘结构，高度增加，刚性相对较差，因此在铣削垂直面和平行面时，一般都采用非回转式平口虎钳。

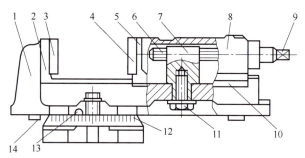

图 7-21　回转式平口虎钳

1—虎钳体；2—固定钳口；3—固定钳口铁；4—活动钳口铁；5—活动钳口；6—丝杠；7—螺母；
8—活动座；9—方头；10—压板；11—紧固螺钉；12—回转底盘；13—钳座零线；14—定位键

2）平口虎钳的规格

普通平口虎钳按钳口宽度有 100、125、136、160、200、250（mm）6 种规格，主要参数见表 7-2。

表 7-2　平口虎钳的规格尺寸　　　　　　　　　　　mm

规格参数	100	125	136	160	200	250
钳口宽度 B	100	125	136	160	200	250
钳口最大张度 L	80	100	110	125	160	200
钳口高度 h	38	44	36	50	60	
定位键宽度 b	16		12		18	

（2）平口虎钳的安装

安装平口虎钳时，应擦净钳座底面和铣床工作台台面。一般情况下，平口虎钳在工作台台面上的位置（图 7-22）应处在工作台长度方向的中心偏左、宽度方向的中心，以方便操作。钳口方向应根据工件长度来确定。对于长的工件，钳口（平面）应与铣床主轴轴线垂直，如图 7-22（a）所示，在立式铣床上应与进给方向平行。对于短的工件，钳口与铣床主轴轴线平行，如图 7-22（b）所示，在立式铣床上应与进给方向垂直。在粗铣和半精铣时，应使铣削力指向稳定牢固的固定钳口。

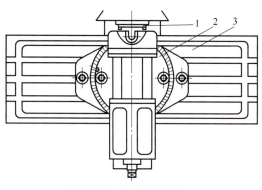
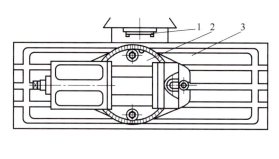

(a) 固定钳口与主轴轴线垂直　　　　　　　　　　(b) 固定钳口与主轴轴线平行

图 7-22　平口虎钳的安装位置

1—铣床主轴；2—平口虎钳；3—工作台

加工一般的工件时，平口虎钳可用定位键安装。安装时，将平口虎钳底座上的定位键放入工作台中央 T 形槽内，双手推动钳体，使两定位键的同一侧的侧面靠在中央 T 形槽的一个侧面上，然后固定钳座，再利用钳体上的零刻线与底座上的刻线相配合，转动钳体，使固定钳口与铣床主轴轴线垂直或平行，也可以按需要调整成所要求的角度。

加工精度要求较高的工件时，要求固定钳口与主轴轴线有较高的垂直度或平行度。这时应对固定钳口进行校正，如图 7-23 所示。

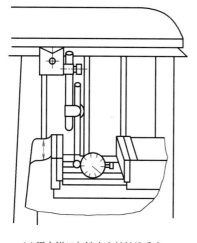 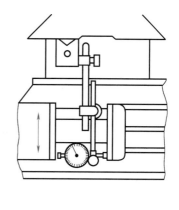

(a) 固定钳口与铣床主轴轴线垂直　　　　　(b) 固定钳口与铣床主轴轴线平行

图 7-23　用百分表校正

（3）在平口虎钳上装夹工件

① 毛坯件的装夹。选择毛坯件上一个大而平整的毛坯面作粗基准面，将其靠在固定钳口面上。在钳口和工件毛坯面之间应垫铜片，以防损伤钳口。轻夹工件，用划线盘校正毛坯上平面位置，符合要求后夹紧工件，如图 7-24 所示。

② 粗加工后的工件的装夹。选择工件上一个较大的粗加工表面作基准面，将其靠向平口虎钳的固定钳口面或钳体导轨面进行装夹。工件的基准面靠向固定钳口面时，可在活动钳口与工件间放置一圆棒，圆棒要与钳口上平面平行，其位置在钳口夹持工件部分的高度的中间偏上。通过圆棒夹紧工件，能保证工件的基准面与固定钳口面很好地贴合，如图 7-25 所示。

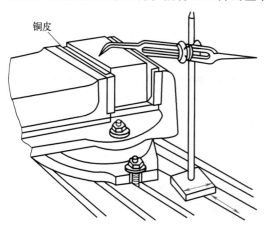 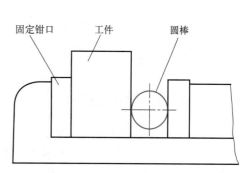

图 7-24　钳口垫铜片装夹校正毛坯件　　　　图 7-25　用圆棒夹持工件

工件的基准面靠向钳体导轨面时，在工件与导轨之间要垫以平行垫铁。为了使工件基准面与导轨面平行，稍紧固后可用铝或铜锤轻击工件上面，并用手试移垫铁，当其不松动时，工件与垫铁贴合良好，然后夹紧。

7.2.3 用压板装夹工件

微课

用压板和回转工作
台装夹工件

形状、尺寸较大或不便于用平口虎钳装夹的工件，常用压板压紧在铣床工作台上以进行加工。用压板装夹工件，在卧式铣床上用端铣刀铣削时应用最多。

（1）压板的装夹方法

在铣床上用压板装夹工件，所用的工具比较简单，主要有压板、垫铁、T形螺栓（或T形螺母）及螺母等。压板有很多种形状，可满足各种不同形状工件装夹的需要。

使用压板夹紧工件时，应选择两块以上的压板。压板的一端搭在工件上，另一端搭在垫铁上，垫铁的高度应等于或略高于工件被压紧部位的高度，中间螺栓到工件之间的距离应略小于螺栓到垫铁之间的距离。螺母和压板之间应垫有垫圈，如图7-26所示。

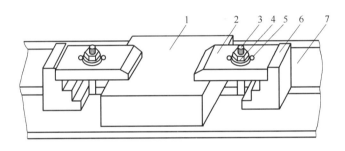

图 7-26　用压板装夹工件
1—工件；2—压板；3—T形螺栓；4—螺母；5—垫圈；6—台阶垫铁；7—工作台面

（2）用压板装夹工件时的注意事项

① 在铣床工作台台面上，不允许拖拉表面粗糙的铸件、锻件毛坯，夹紧时应在毛坯件与工作台台面之间垫铜片，以免损伤工作台台面。

② 将压板压紧在工件已加工表面时，应在压板与工件表面之间垫铜片，以免压伤工件已加工表面。

③ 压板的位置要放置正确，应压在工件刚性最好的部位，以防止工件产生变形。如果工件夹紧部位有悬空现象，应将工件垫实。

④ 螺栓要拧紧，以保证铣削时工件的定位位置不变。

7.2.4 用回转工作台装夹工件

回转工作台是铣床上主要夹具之一，它可以辅助铣床完成各种曲面零件，如各种齿轮的曲线、零件上的圆弧等，以及需要分度的零件，如齿轮、多边形等的铣削和分度刻线等，还可以应用于插床和刨床以及其他机床，如图7-27所示。

图 7-27　回转工作台

7.2.5　台阶零件装夹方案的确定

台阶零件选用平口虎钳分两次装夹：第一次夹住工件的上表面和侧面，粗精铣底面及侧面；第二次装夹时，用铜片垫在钳口夹住已加工表面，加工上面和侧面。

任务实施

根据数控铣床的参数及零件结构特点，合理选择数控铣削刀具、数控铣削夹具、制订合理的装夹定位方案。

考核评价小结

（1）台阶零件刀具与夹具选择形成性考核评价

台阶零件刀具与夹具选择形成性考核评价由教师根据学生考勤、课堂表现等进行，评价见表 7-3。

表 7-3　台阶零件刀具与夹具选择形成性考核评价

小组	成员	考勤	课堂表现	汇报人	补充发言 自由发言
1					
2					
3					

（2）台阶零件刀具与夹具选择工艺设计考核评价（70%）

台阶零件刀具与夹具选择工艺设计考核评价由学生自评、小组内互评、教师评价三部分组成，评价见表 7-4。

表 7-4 台阶零件刀具与夹具选择工艺设计考核评价

项目名称			配分	自评（15%）	互评（20%）	教评（65%）	得分
序号	评价项目	扣分标准					
1	确定刀具类型	不合理，扣 5～10 分	10				
2	确定刀具材料	不合理，扣 5 分	5				
3	确定刀具角度	不合理，扣 5～10 分	10				
4	填写刀具卡	不合理，扣 5～25 分	25				
5	选择定位基准	不合理，扣 5～10 分	10				
6	确定定位方案	不合理，扣 5～15 分	15				
7	机床夹具的选择	不合理，扣 5～25 分	25				
互评小组				指导教师		项目得分	
备注				合计			

 ## 拓展练习

完成图 7-28 所示转子零件的刀具和夹具选择。

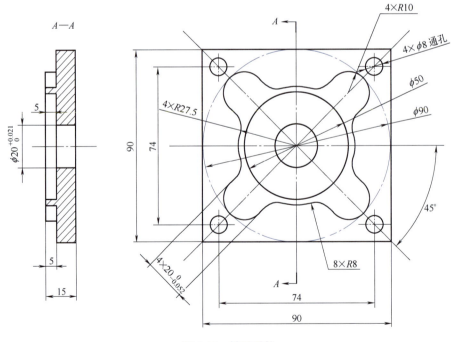

图 7-28 转子零件

项目 8

型腔类零件加工工艺

项目概述

图 8-1 所示的腰形槽底板属于典型的型腔类零件。与其他零件相比，型腔类零件具有非贯通的内部腔体，而且通常形状复杂。此外，型腔类零件作为材料成型装备中的工作零件，通常要求内腔表面具有非常高的表面质量。所有这些都给型腔类零件的加工带来了极大的困难。本项目通过介绍腰形槽底板加工工艺的拟订过程，使学生了解和理清型腔类零件的加工思路和方法，形成型腔类零件工艺开发的能力。

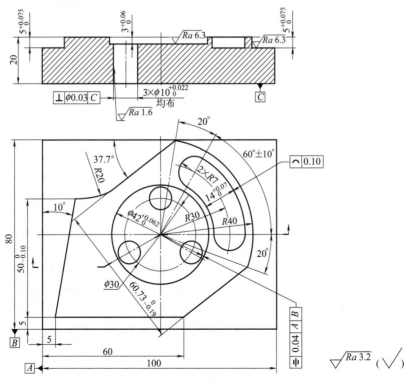

图 8-1 腰形槽底板零件

教学目标

▶▶ **1.知识目标**

① 掌握型腔类零件的工艺分析。
② 掌握型腔类零件的工艺制订。

▶▶ **2.能力目标**

能对型腔类零件进行工艺分析，确定其毛坯、加工工艺路线、加工工艺参数以及使用的工艺装备。

▶▶ **3.素质目标**

① 培养学生耐心、细致的工作作风。
② 培养学生勤学苦练、坚持不懈、精益求精的工匠精神。
③ 培养学生团队合作、互动互助与遵守纪律的意识。

 任务描述

学海导航

大国工匠 - 洪家光

在压塑成型中，高温熔融塑料在巨大的压力下在型腔中冷凝成型，因此型腔的精度和表面质量直接影响制件的精度和质量。在工作过程中，型腔需要承受一定的高温、来自压力机的压力；长期反复地加热和冷却使型腔承受热疲劳应力。因此，型腔材料通常为模具钢。模具钢属于工具钢，含碳量高，强度和硬度大，因此在切削加工中，切削抗力大，刀具磨损快，所以，型腔类零件的加工具有较大的难度。根据图 8-1，进行腰形槽底板零件机械加工工艺拟订。

 相关知识

8.1 型腔加工特点

型腔在模具中的作用是成型制件外表面，由于制件的精度和质量很大程度上取决于型腔和型芯，因此，型腔的加工精度和表面质量一般要求较高，工艺过程复杂。型腔的形状、尺寸、精度和表面质量取决于要生产的制件，而制件品种繁多、花样杂陈，使得型腔形状各异、尺寸大小不一、精度和表面质量要求各不相同，但通常要求苛刻，因此，型腔的制造过程非常复杂。

作为模具中最重要的零件，型腔通常使用含碳量高的工具钢作为材料，加之一般需要热处理淬硬，给加工增加了难度。

型腔加工的特点如下。

① 单件、多品种生产。模具是进行大批量生产用的高寿命专用工艺装备，通常每套模具只能生产某一特定形状、尺寸和精度的制件，且使用寿命可达上千万次，因此，模具生产属于单件、多品种生产。模具的设计制造周期较长，需要几个月甚至更长的时间。

② 精度和表面质量要求高。为保证制品的精度，型腔作为模具的工作部分，制造公差应控制在 ±0.01mm，表面粗糙度小于 $Ra0.8\mu m$，多数可达 $Ra0.1 \sim 0.4\mu m$。

③ 形状复杂。型腔多为二维面或三维复杂曲面，如汽车覆盖件、飞机零件、玩具、家用电器等模具的表面，常由多种曲面组合而成，因此模具型腔（面）很复杂，加工难度大。

④ 材料硬度高。模具主要成型件多采用淬火合金工具钢或硬质合金制造，这类钢材从毛坯锻造、加工到热处理均有严格要求。模具材料硬度高，采用传统的机械加工方法较难加工，故常采用电加工等特种加工方法。

8.2　型腔的分类

常见的型腔形状大致可分为回转曲面和非回转曲面两种。前者可用车床、内圆磨床或坐标磨床进行加工，工艺过程比较简单。而加工非回转曲面的型腔要困难得多，在以往，需要使用专门的加工设备或进行大量的钳工加工，劳动强度大、生产效率低。近年来，随着生产力的发展和技术的进步，数控铣削、数控加工中心加工以及电火花成型、电火花线切割等特种加工方法已经成为主要的加工方法，解决了这一难题。

 任务实施

腰形槽底板加工工艺

微课

（1）加工任务分析

该零件包含外形轮廓、圆形槽、腰形槽和孔的加工，有较高的尺寸精度和垂直度、对称度等形位精度要求。工艺过程编制前，必须详细分析图纸中各部分的加工方法及走刀路线，选择合理的装夹方案和加工刀具，以保证零件的加工精度要求。

型腔类零件机械
加工工艺

（2）数控铣削加工工艺制订

① 定位基准的选择及装夹方案的确定。

用平口虎钳装夹工件，工件上表面高出钳口 8mm 左右。校正固定钳口的平行度以及工件上表面的平行度，以确保精度要求。

② 确定加工顺序。

根据加工顺序制订原则，工艺过程为：外轮廓的粗、精铣削（粗加工单边留 0.2mm 余量）→加工 3×ϕ10mm 底孔和垂直进刀工艺孔→圆形槽粗、精铣削，采用同一把刀具进行→腰形槽粗、精铣削，采用同一把刀具进行。

③ 机床、刀具的选择。

根据零件图样要求，选用普通数控铣床即可达到要求，故选用采用 FANUC 0i 系统的加工中心。加工中心数控加工刀具的选择见表 8-1。

表 8-1　加工中心数控加工刀具卡

单位		数控加工刀具卡片	产品名称		腰形槽底板零件		零件图号	
			零件名称		腰形槽底板零件		程序编号	
序号	刀具号	刀具名称	刀具		补偿值		刀补号	
			直径	长度	半径	长度	半径	长度
1	T01	立铣刀	ϕ20mm		10.2（粗）/9.96（精）		D01	
2	T02	中心钻	ϕ3mm					
3	T03	麻花钻	ϕ9.7mm					
4	T04	铰刀	ϕ10mm					
5	T05	立铣刀	ϕ16mm		8.2（半精）/7.98（精）		D05	
6	T06	立铣刀	ϕ12mm		6.1（半精）/5.98（精）		D06	

④ 切削用量的确定及填写工艺文件。

腰形槽底板零件数控加工工序卡见表 8-2。

表 8-2　腰形槽底板零件数控加工工序卡

		数控加工工序卡		产品型号			零件图号		
				产品名称	腰形槽底板零件		零件名称	腰形槽底板零件	
材料牌号	HT200	毛坯种类		毛坯外形尺寸	102mm×82mm×22mm			备注	
工序号	工序名称	设备名称	设备型号	程序编号	夹具代号	夹具名称		冷却液	车间
	铣削加工腰形槽底板	加工中心			01	平口虎钳		乳化液	01
工步号	工步内容	刀具号	刀具	量具及检具	主轴转速 n/(r/min)	切削速度 v_c/(m/min)	进给速度 f/(mm/min)	背吃刀量 a_t/mm	备注
1	去除轮廓边角料	T01	ϕ20mm 立铣刀		400		80		
2	粗铣外轮廓	T01	ϕ20mm 立铣刀		500		100		
3	精铣外轮廓	T01	ϕ20mm 立铣刀		700		80		
4	钻中心孔	T02	ϕ3mm 中心钻		2000		80		
5	钻 3×ϕ10mm 底孔和垂直进刀工艺孔	T03	ϕ9.7mm 麻花钻		600		80		
6	铰3×ϕ10$^{+0.022}_{0}$mm 孔	T04	ϕ10mm 铰刀		200		50		
7	粗铣圆形槽	T05	ϕ16mm 立铣刀		500		80		
8	半精铣圆形槽	T05	ϕ16mm 立铣刀		500		80		
9	精铣圆形槽	T05	ϕ16mm 立铣刀		750		60		
10	粗铣腰形槽	T06	ϕ12mm 立铣刀		600		80		
11	半精铣腰形槽	T06	ϕ12mm 立铣刀		600		80		
12	精铣腰形槽	T06	ϕ12mm 立铣刀		800		60		
编制		审核		批准			共页		第　页

考核评价小结

（1）腰形槽底板零件形成性考核评价（30%）

腰形槽底板零件形成性考核评价由教师根据学生考勤、课堂表现等进行，评价见表8-3。

表 8-3 腰形槽底板零件形成性考核评价

小组	成员	考勤	课堂表现	汇报人	补充发言 自由发言
1					
2					
3					

（2）腰形槽底板零件工艺设计考核评价（70%）

腰形槽底板零件工艺设计考核评价由学生自评、小组内互评、教师评价三部分组成，评价见表8-4。

表 8-4 腰形槽底板零件工艺设计考核评价

序号	评价项目	扣分标准	配分	自评（15%）	互评（20%）	教评（65%）	得分
1	零件工艺性分析	不合理，扣5～10分	10				
2	定位基准的选择	不合理，扣5～10分	10				
3	确定装夹方案	不合理，扣2～5分	5				
4	拟订工艺路线	不合理，扣10～20分	20				
5	确定加工余量	不合理，扣2～5分	5				
6	确定工序尺寸	不合理，扣5～10分	10				
7	确定切削用量	不合理，扣5～10分	10				
8	机床夹具的选择	不合理，扣2～5分	5				
9	刀具的确定	不合理，扣2～5分	5				
10	工艺文件编制	不合理，扣10～20分	20				
互评小组			指导教师			项目得分	
备注			合计				

拓展练习

为图 8-2 所示方槽板设计加工工艺。

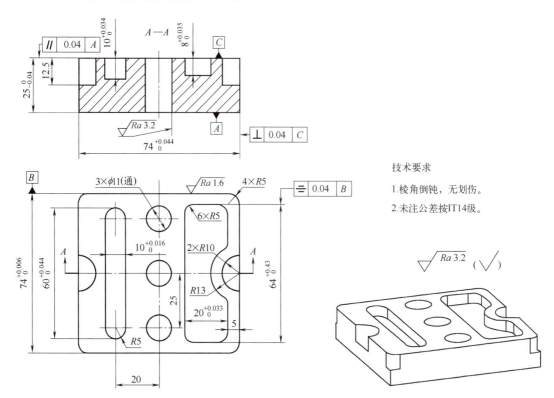

图 8-2　方槽板

技术要求

1. 棱角倒钝，无划伤。
2. 未注公差按IT14级。

项目 **9**

盘套类零件加工工艺

项目概述

项目概述

　　盘套类零件在机器中主要起支承、连接和导向作用。盘类零件主要由端面、外圆、内孔等组成，一般零件直径大于零件的轴向尺寸，如图 9-1 所示。套类零件主要由有较高同轴度要求的内外圆表面组成，零件的壁厚较小，易产生变形，轴向尺寸一般大于外圆直径，如图 9-2 所示。本项目将通过介绍典型盘套类零件的加工工艺设计过程，使学生掌握工件定位的基本原理，掌握工件定位基准、定位元件和夹具的选用以及定位误差的分析，掌握典型盘套类零件的加工工艺设计方法。

图 9-1　制动盘

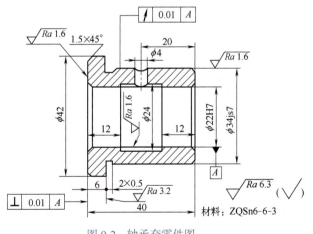

图 9-2　轴承套零件图

教学目标

▶▶ **1. 知识目标**

　　① 了解基准的概念及分类。

② 了解工件定位的概念和要求。
③ 掌握六点定位原理。
④ 掌握常用定位元件、夹具的使用和选择。
⑤ 掌握定位误差的分析方法。
⑥ 掌握典型盘套类零件的加工工艺设计方法。

▶▶ **2. 能力目标**

① 通过对典型盘套类零件的加工工艺设计分析，使学生能运用盘套类零件加工的相关知识完成典型盘套类零件的加工工艺分析、定位基准的确定和加工工艺路线的拟订。
② 初步具备盘套类零件的加工工艺设计的能力。

▶▶ **3. 素质目标**

① 培养学生分析问题、解决问题的能力。
② 培养学生独立自主、守正创新的能力。
③ 培养学生语言表达能力、沟通能力。

 # 任务描述

学海导航

大国工匠 - 刘时勇

　　盘套类零件是机械中最常见的一种零件，其应用很广泛，如齿轮、带轮、法兰盘、端盖、套环、滑动轴承、夹具体中的导向套、液压系统中的液压缸以及内燃机上的气缸套等。由于盘套类零件的功用不同，其结构和尺寸有很大的差异，但结构上也有共同特点。本项目将针对典型盘套类零件完成盘套类零件加工工艺。

 # 相关知识

9.1　零件工艺分析

　　如图 9-2 所示，该零件为轴承套，主要起支承和导向作用，其结构简单，主要由端面、外圆柱面和内孔等组成，零件有径向圆跳动公差 0.01mm 和垂直度公差 0.01mm 的要求。

9.1.1　零件材料

　　由图 9-2 可知，该零件选用的材料是 ZQSn6-6-3，棒料。其具有较高的强度，良好的抗滑动摩擦性，优良的切削性能和良好的焊接性能，在大气、淡水中有良好的耐腐蚀性能，主要用于制造航空、汽车及其他工业部门中承受摩擦的零件，如气缸活塞销衬套、轴承和衬套的内衬、副连杆衬套、圆盘和垫圈等。

9.1.2　零件的加工技术要求

① ϕ34js7mm 外圆表面粗糙度要求是 *Ra*1.6μm，对 ϕ22H7mm 孔的径向圆跳动公差为 0.01mm。

② ϕ42mm 左、右端面表面粗糙度要求分别是 *Ra*1.6μm 和 *Ra*3.2μm，对 ϕ22H7mm 孔轴线的垂直度公差为 0.01mm。

③ ϕ22H7mm 孔表面粗糙度为 *Ra*1.6μm，且其轴线对 ϕ42mm 端面的垂直度公差为 0.01mm，与 ϕ34js7mm 外圆有位置度要求。

④ 工件的其他加工面和孔，表面粗糙度要求均为 *Ra*6.3μm。

9.2　预备基础知识

9.2.1　制订工艺规程的原则和步骤

（1）制订工艺规程的原则

制订工艺规程的原则是优质、高产、低消耗，即在保证产品质量的前提下，尽可能提高生产率和降低成本。同时，还应在充分利用本企业现有生产条件的基础上，尽可能采用国内外先进工艺技术和检测技术，在规定的生产批量下采用最经济并能取得最好经济效益的加工方法。此外，还应保证工人具有良好且安全的劳动条件。

（2）制订工艺规程的原始资料

① 产品装配图和零件图以及产品验收的质量标准。

② 零件的生产纲领及投产批量、生产类型。

③ 毛坯和半成品的资料、毛坯制造方法、生产能力及供货状态等。

④ 现场的生产条件，包括工艺装备及专用设备的制造能力、规格性能，工人技术水平及各种工艺资料和相应标准等。

⑤ 国内外同类产品的有关工艺资料等。

（3）制订工艺规程的步骤

① 计算零件生产纲领，确定生产类型。

② 图样分析，主要进行零件技术要求分析和结构工艺性分析。

③ 选择毛坯，确定毛坯制造方法。

④ 拟订工艺路线，选择表面加工方法，划分加工阶段，安排加工顺序等。

⑤ 确定各工序所用机床及工艺装备。

⑥ 确定各工序的加工余量及工序尺寸。

⑦ 确定各工序的切削用量和工时定额。

⑧ 填写工艺文件，即填写工艺过程卡、刀具卡、工序卡等。

9.2.2　机械零件的结构工艺性分析评价

（1）零件表面组成

零件的结构千差万别，但都是由一些基本表面和特形表面组成。基本表面主要有内外圆柱面、平面等；特形表面主要指成型表面。

（2）零件表面组合情况分析

对于零件结构，还要分析零件表面的组合情况和尺寸大小。组合情况和尺寸大小的不同，形成了各种零件在结构特点和加工方案选择上的差别。在机械制造业中，通常按零件结构特点和工艺过程的相似性，将零件大体上分为轴类、箱体类、盘套类等。

（3）零件的结构工艺性分析

零件的结构工艺性是指零件的结构在保证使用要求的前提下，是否能以较高的生产率和最低的成本方便地制造出来的特性。许多功能相同而结构不同的零件，它们的加工方法与制造成本往往差别很大，所以应仔细分析零件的结构工艺性。

（4）典型实例

表 9-1 列出了常见零件的结构工艺性对比的示例。

表 9-1　常见零件的结构工艺性对比的示例

序号	工艺性不合理	工艺性合理	说明
1	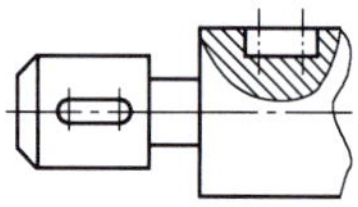	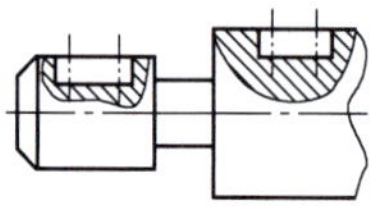	键槽的尺寸、方位相同，可在一次装夹中加工出全部键槽，以提高生产效率
2	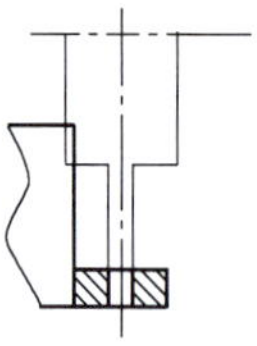	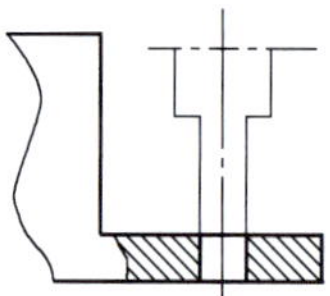	孔中心与箱体壁之间尺寸太小，无法引进刀具
3	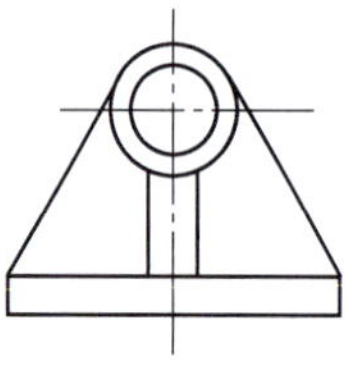	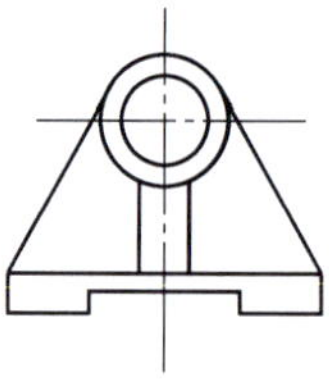	减小接触面积，减少加工量，提高稳定性
4	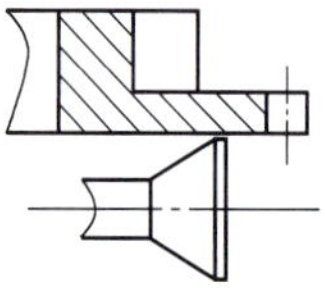	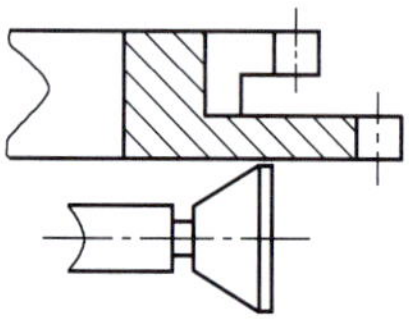	应设计退刀槽，减少刀具或砂轮的磨损
5	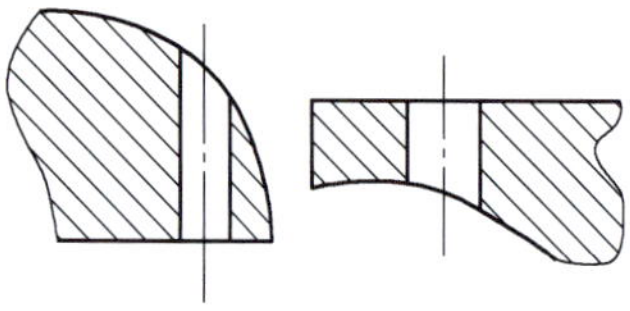	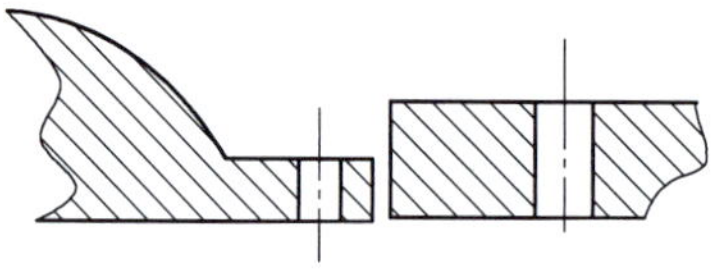	钻头容易引偏或折断
6	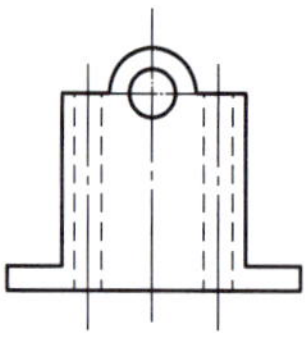	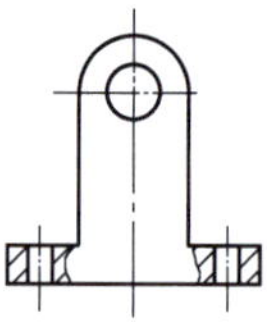	避免深孔加工，提高连接强度，节约材料，减少加工量

续表

序号	工艺性不合理	工艺性合理	说明
7	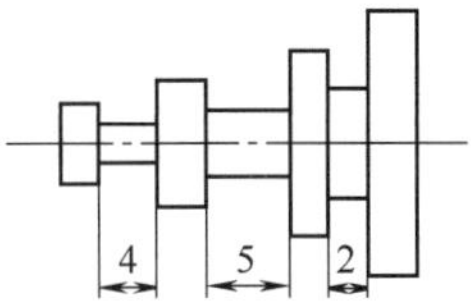	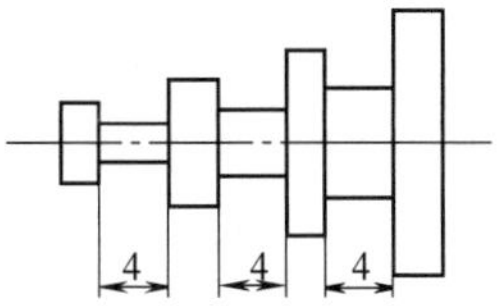	为减少刀具种类和换刀时间，应设计为相同的宽度
8	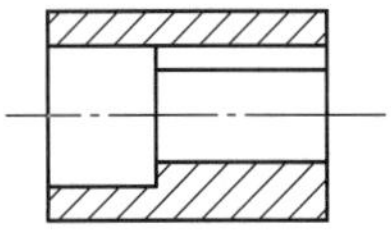	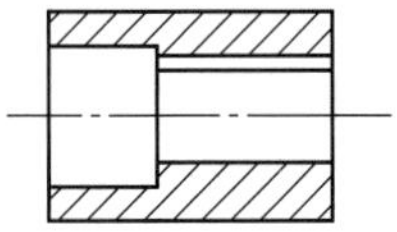	为便于加工，槽的底面不应与其他加工面重合
9	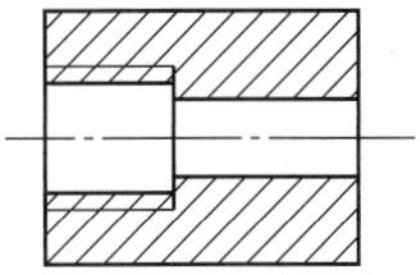	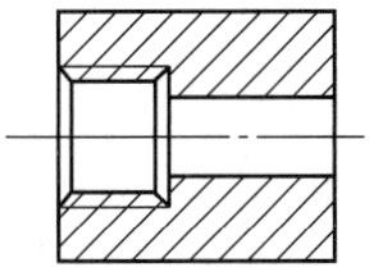	为便于加工，内螺纹根部应有退刀槽
10	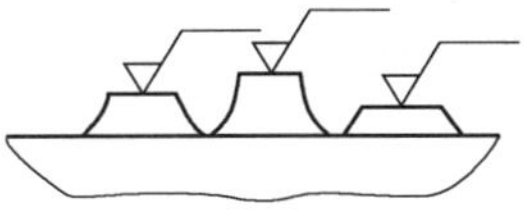	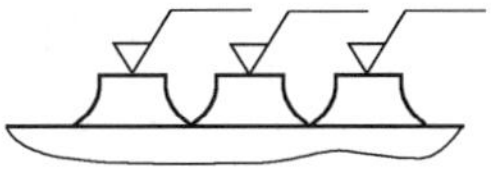	为便于一次加工，提高生产效率，凸台表面应处于同一水平面

9.2.3 零件毛坯的选择与确定

（1）毛坯类型

机械制造中常用的毛坯有以下几种。

① 铸件。形状复杂的毛坯宜采用铸造方法制造。目前，生产中的铸件大多数是用砂型铸造的，少数尺寸较小的优质铸件可采用特种铸造，如金属型铸造、离心铸造、熔模铸造和压力铸造等。

② 锻件。锻件有自由锻件和模锻件两种。自由锻件的加工余量大，锻件精度低，生产率不高，要求工人的技术水平较高，适用于单件小批生产。模锻件的加工余量小，锻件精度高，生产率高，但成本也高，适用于大批大量小型锻件的生产。

③ 型材下料件。型材下料件是指从各种不同截面形状的热轧和冷拉型材上切下的毛坯件，如角钢、工字钢、槽钢、圆棒料、钢管、塑钢等。热轧型材的精度较低，适于作一般零件的毛坯。冷拉型材的精度较高，适于作毛坯精度要求较高的中小型零件和自动机床上加工的零件的毛坯。型材下料件的表面一般不再加工，但需注意其规格。

④ 焊接件。焊接件是用焊接的方法将同种材料或不同种材料焊接在一起得到的毛坯，如焊条电弧焊、氩弧焊、气焊等。焊接方法特别适合于实现大型毛坯、结构复杂毛坯的制造。

焊接的优点是生产周期短、效率高、成本低，缺点是焊接变形比较大。

（2）毛坯选择的方法

在进行毛坯选择时，应考虑下列因素。

① 零件材料的工艺性。零件材料的工艺性是指材料的铸造性、锻造性、切削性和热处理性等以及零件对材料组织和力学性能的要求，例如材料为铸铁或青铜的零件，应选择铸件毛坯。

② 零件的结构形状与外形尺寸。一般用途的台阶轴，如台阶直径相差不大，单件生产时可用棒料；若台阶直径相差较大，则宜用锻件，以节约材料和减少机械加工量。大型零件毛坯受设备条件限制，一般只能用自由锻件或砂型铸造件；中小型零件根据需要可选用模锻件或特种铸造件。

③ 生产类型。大批大量生产时，应选择毛坯精度和生产率均高的先进毛坯制造方法，使毛坯的形状、尺寸尽量接近零件的形状、尺寸，以节约材料，减少机械加工量，由此而节约的费用往往会超出毛坯制造所增加的费用，从而获得良好的经济效益。单件小批生产时，若采用先进的毛坯制造方法，则所节约的材料和机械加工成本，相对于毛坯制造所增加的设备和专用工艺装备的费用就得不偿失了，故应选择毛坯精度和生产率均比较低的一般毛坯制造方法，如自由锻和手工砂型铸造等方法。

④ 生产条件。选择毛坯时，应考虑现有生产条件，如现有毛坯的制造水平和设备情况，外协的可能性等。在可能时，应尽量组织外协，实现毛坯的社会专业化生产，以获得好的经济效益。

⑤ 充分考虑利用新技术、新工艺和新材料。随着毛坯专业化生产的发展，目前毛坯制造方面新工艺、新技术和新材料的应用越来越多，精铸、精锻、冷轧、冷挤压、粉末冶金和工程塑料的应用日益广泛，这些方法可以大大减少机械加工量，节约材料并有十分显著的经济效益。

（3）毛坯选择实例

① 为使工件安装稳定，有些铸件毛坯需要铸出工艺搭子。工艺搭子在零件加工完后应切除。

② 为提高机械加工生产率，对于一些类似图 9-3 所示需锻造的滑键小零件，常将若干零件先在锻造的毛坯上加工，之后再切割分离成单个零件。

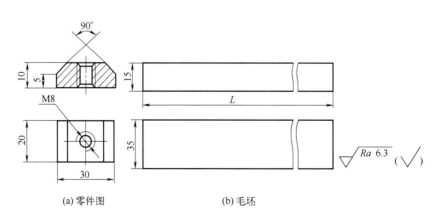

图 9-3 滑键的零件图及毛坯图

③ 对于一些较小的垫圈类零件，应在一个毛坯上加工，先加工外圆和切槽，然后再钻孔切割成若干个零件，如图 9-4 所示。

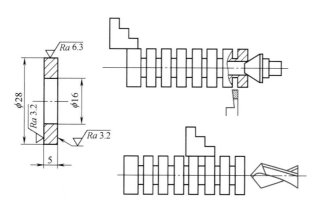

图 9-4　垫圈的整体毛坯及加工

9.2.4　定位误差分析

"六点定位"原理解决了消除工件自由度的问题，即解决了工件在夹具中位置"定与不定"的问题。但是，由于一批工件逐个在夹具中定位时，各个工件所占据的位置不完全一致，即出现工件位置定得"准与不准"的问题。如果工件在夹具中所占据的位置不准确，加工后各工件的加工尺寸必然大小不一，形成误差。这种只与工件定位有关的误差称为定位误差，用 Δ_D 表示。

在工件的加工过程中，产生误差的因素很多，定位误差仅是加工误差的一部分，为了保证加工精度，一般限定定位误差不超过工件加工公差 T 的 1/5 ～ 1/3，即

$$\Delta_D \leqslant (1/5 \sim 1/3)T \tag{9-1}$$

式中　Δ_D——定位误差，mm；

　　　T——工件的加工公差，mm。

（1）定位误差产生的原因

工件逐个在夹具中定位时，各个工件的位置不一致的原因主要是基准不重合。基准不重合又分为两种情况：一是定位基准与限位基准不重合。产生的基准位移误差；二是定位基准与工序基准不重合产生的基准不重合误差。

① 基准位移误差 Δ_Y。由于定位副的制造误差或定位副配合所导致的定位基准在加工尺寸方向上的最大位置变动量称为基准位移误差（图 9-5），用 Δ_Y 表示。不同的定位方式，基准位移误差的计算方式也不同。

如图 9-5（a）所示，工件以内孔中心 O 为定位基准，套在心轴上，铣上平面，工序尺寸为 $H_0^{+\Delta_H}$，从定位角度看，孔心线与轴心线重合，即设计基准与定位基准重合，$\Delta_Y=0$。实际上，定位心轴和工件内孔都有制造误差，而且为了便于工件套在心轴上，还应留有间隙，如图 9-5（b）所示。故安装后孔和轴的中心必然不重合，使得两个基准发生位置变动，此时基准位移误差为 $\Delta_Y=(\Delta_D+\Delta_d)/2$。

② 基准不重合误差 Δ_B。由于工序基准与定位基准不重合所导致的工序基准在加工尺寸方向上的最大位置变动量称为基准不重合误差，用 Δ_B 表示。如图 9-6 所示，加工台阶面 1 时定位基准为底面 3，而设计基准为顶面 2，即基准不重合。即使本工序刀具以底面

为基准调整得绝对准确，且无其他加工误差，仍会由于上一工序加工后顶面 2 在 $H \pm \Delta_H$ 范围内变动，导致加工尺寸 $A \pm \Delta_A$ 变为 $A \pm \Delta_A \pm \Delta_H$，其误差为 $2\Delta_H$，即基准不重合误差 $\Delta_B = 2\Delta_H$。

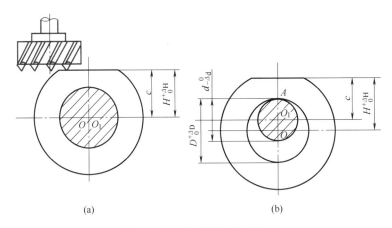

图 9-5　基准位移误差分析示例

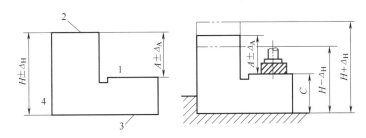
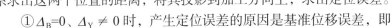

图 9-6　基准不重合误差分析示例

（2）定位误差的计算

计算定位误差时，可以分别求出基准位移误差和基准不重合误差，再求出它们在加工尺寸方向上的矢量和；也可以按最不利情况，确定工序基准的两个极限位置，根据几何关系求出这两个位置的距离，将其投影到加工方向上，求出定位误差。

① $\Delta_B = 0$、$\Delta_Y \neq 0$ 时，产生定位误差的原因是基准位移误差，即

$$\Delta_D = \Delta_Y \qquad (9\text{-}2)$$

② $\Delta_B \neq 0$、$\Delta_Y = 0$ 时，产生定位误差的原因是基准不重合误差 Δ_B，即

$$\Delta_D = \Delta_B \qquad (9\text{-}3)$$

③ $\Delta_B \neq 0$、$\Delta_Y \neq 0$ 时，若造成定位误差的原因是相互独立的因素时（δ_d、δ_D、δ_i 等），应将两项误差相加，即

$$\Delta_D = \Delta_B + \Delta_Y \qquad (9\text{-}4)$$

若造成定位误差的原因是不相互独立的因素时，则应进行合成，即

$$\Delta_D = \Delta_B \pm \Delta_Y \qquad (9\text{-}5)$$

特别注意：Δ_B 与 Δ_Y 的变动方向相同时，取"＋"号；变动方向相反时，取"－"号。

综上所述，工件在夹具上定位时，因定位基准发生位移、定位基准与工序基准不重合产生定位误差。基准位移误差和基准不重合误差分别独立、互不相干，它们都使工序基准位

置产生变动。定位误差包括基准位移误差和基准不重合误差。当无基准位移误差时，$\Delta_Y=0$；当定位基准与工序基准重合时，$\Delta_B=0$；若两项误差都没有，则 $\Delta_D=0$。分析和计算定位误差的目的是对定位方案能否保证加工要求有一个明确的定量概念，以便对不同定位方案进行分析比较，同时也是在决定定位方案时的一个重要依据。

9.2.5 工艺路线的拟订

（1）表面加工方法的选择

零件上各种典型表面都有多种加工方法（车、铣、刨、磨、镗、钻等），但每种加工方法所能达到的加工精度和表面粗糙度相差较大。在拟订零件机械加工工艺路线时，表面加工方法的选择应根据零件各表面所要求的加工精度和表面粗糙度，尽可能选择与经济加工精度和表面粗糙度相适应的加工方法。

1）经济加工精度

所谓经济加工精度（简称经济精度），是指在正常生产条件下（符合质量标准的设备、工艺装备和标准技术等级的工人，不延长加工时间），采用某种加工方法所能达到的加工精度。各种加工方法都有一个经济加工精度和表面粗糙度的范围。选择表面加工方法时，应使工件的加工要求与之相适应。

2）选择表面加工方法应考虑的主要因素

在选择表面加工方法时，除应保证加工表面的加工精度和表面粗糙度外，还应综合考虑以下因素。

① 工件材料的性质。加工方法的选择常要受到工件材料性质的限制。例如淬火钢的精加工要用到磨削，而有色金属的精加工不宜采用磨削（易堵塞砂轮），通常采用金刚镗或高速精车等高速切削方法。

② 工件的形状和尺寸。形状复杂、尺寸较大的零件，其上的孔一般不采用拉削或磨削，应采用镗削；直径较大（$d > 60\text{mm}$）或长度较短的孔，宜选镗削；孔径较小时宜采用铰削。

③ 生产类型。加工方法的选择应与生产类型相适应，对于成批大量生产，应尽可能选用专用高效率的加工方法，如平面和孔的加工选用拉削方法；而单件小批生产应尽量选择通用设备和常用刀具进行加工，如平面采用刨削或铣削，但刨削因生产率低，在成批生产中逐步被铣削所代替。对于孔加工来说，因镗削刀具简单，在单件小批生产中得到广泛应用。

④ 具体生产条件。工艺人员必须熟悉企业的现有加工设备及工艺能力，工人的技术水平，以及利用新工艺、新技术的可能性等。只有做到全面掌握，方能充分利用现有设备和工艺手段，挖掘企业生产潜能。

（2）加工阶段的划分

粗加工阶段：主要切除各加工表面的大部分加工余量。此阶段应尽量提高生产率。

半精加工阶段：完成次要表面的终加工，并为主要表面的精加工做准备。

精加工阶段：保证各主要表面达到图样的全部技术要求，此阶段的主要问题是保证加工质量。

超精加工阶段：当零件上有要求特别高的表面时，需在精加工之后再用精密磨削、金刚石车削、金刚镗、研磨、珩磨、抛光或无屑加工等方法加工，以达到图样要求的精度。

（3）加工顺序的确定

1）机械加工顺序的安排原则

一般原则如下。

① 先粗后精。即粗加工→半精加工→精加工，最后安排主要表面的终加工。

② 先主后次。零件的主要工作表面、装配基准应先加工，以便为后续加工提供精基准。

③ 先面后孔。这是因为平面定位稳定可靠，故对于箱体、支架、连杆等平面轮廓尺寸较大的零件，一般先加工平面，然后以平面定位再去加工孔。

④ 基准面先行。在各阶段中，先加工基准面，然后以其定位去加工其他表面。

此外，除用作基准的表面外，精度越高、粗糙度 Ra 值越小的表面应越放在后面加工，以防金属屑等划伤。

2）热处理工序的安排

热处理工序在工艺路线中的安排，主要由零件的材料及热处理的目的来决定。

为了改善工件材料的切削加工性，消除残余应力，正火和退火常安排在粗加工之前；若为最终热处理做组织准备，则调质处理一般安排在粗加工与精加工之间进行；时效处理用以消除毛坯制造和机械加工中产生的内应力；为了提高零件的强度、表面硬度、耐磨性及防腐性等，淬火及渗碳淬火（淬火后应回火）、氰化、氮化等应安排在精加工磨削之前进行；对于某些硬度和耐磨性要求不高的零件，调质处理也可作为最终热处理，其应安排在精加工之前进行；表面装饰性发蓝、镀层处理，应安排在全部机械加工完成后进行。

3）辅助工序的安排

① 检验工序。为了确保工件的加工质量，应合理安排检验工序。通常在关键工序前后、各加工阶段之间及工艺过程的最后均应安排检验工序。

② 划线工序。在单件小批生产中，对一些形状复杂的铸件，为了在机械加工中安装方便，并使工序余量均匀，应安排划线工序。

③ 去毛刺和清洗。切削加工后在零件表层或内部有时会留下毛刺，它们将会影响装配质量甚至产品的性能，应专门安排去毛刺工序。工件在装配前，应安排清洗工序。清洗一方面要去掉黏附在工件表面上的砂粒，另一方面要清洗掉易使工件发生锈蚀的物质，例如切削液含有的硫、氯等物质。

④ 特殊需要的工序。如平衡应安排在零件或部件加工完成后，退磁工序则一般安排在精加工之后、终检之前。

（4）工序的集中与分散

在选定零件各表面的加工方法及加工顺序之后，制订工艺路线时可采用 2 种完全相反的原则：一是工序集中原则；二是工序分散原则。所谓工序集中原则，就是每一工序中尽可能包含多的加工内容，从而使工序的总数减少，实现工序集中；而工序分散原则正好与工序集中原则含义相反。工序集中与工序分散各有特点，在制订工艺路线时，究竟采用哪种原则须视具体情况决定。

1）工序集中的优点与不足

① 可减少工件的装夹次数。在一次装夹下即可把各个表面全部加工出来，有利于保证各表面之间的位置精度和减少装夹次数，尤其适合于表面位置精度要求高的工件的加工。

② 可减少机床数量和占地面积，同时便于采用高效率机床加工，有利于提高生产率。

③ 简化了生产组织计划与调度工作。因为工序少、设备少、工人少，所以便于生产的

组织与管理。

工序集中的最大不足：一是不利于划分加工阶段；二是所需设备与工装复杂，机床调整、维修费时，投资大，产品转型困难。

2）工序分散的优点与不足

工序分散的优点与不足正好与上述相反。其优点是工序包含的内容少，设备工装简单、维修方便，对工人的技术水平要求较低，在加工时可采用合理的切削用量，更换产品容易；缺点是工艺路线较长。

3）工序集中与工序分散的实际应用

在拟订工艺路线时，工序集中或分散影响整个工艺路线的工序数目。具体选择时，依据如下。

① 生产类型。对于单件小批生产，为简化生产流程、减少工艺装备，应采用工序集中。尤其是数控机床和加工中心的广泛使用，多品种小批生产几乎全部采用了工序集中；中批生产或现场数控机床不足时，为便于装夹、加工、检验，并能合理均衡地组织生产，宜采用工序分散。

② 零件的结构、大小和重量。对于尺寸和重量大、形状又复杂的零件，宜采用工序集中，以减少安装与搬运次数。为了使用自动机床，中、小尺寸的零件加工多数也采用工序集中。

③ 零件的技术要求与现场工艺设备条件。零件上技术要求高的表面，需采用高精度设备来保证其质量时，可采用工序分散；生产现场多数为数控机床和加工中心，应采用工序集中；零件上某些表面的位置精度要求高时，加工这些表面宜采用工序集中。

9.2.6 工艺尺寸链的计算

在机械加工中，工件由毛坯到成品，期间经过多道加工工序，这些工序之间存在一定的联系，用尺寸链理论揭示它们之间的内在联系，并确定工序尺寸及公差，是尺寸链计算的主要任务。由此可知，尺寸链理论是分析机械加工过程中各工序之间以及各工序内相关尺寸之间的关系，合理地确定机械加工工艺的重要理论。

（1）尺寸链的基本概念

1）尺寸链的概念

尺寸链是零件加工过程中（图9-7、图9-8），由相互联系的尺寸组成的封闭图形。图9-7（a）所示为一台阶零件，L_a 和 L_b 为图样上标准尺寸。在加工中该零件以 A 面定位先加工 C 面，得尺寸 L_a；再加工 B 面得尺寸 L_b，从而间接得到尺寸 L_0。于是尺寸 L_0、L_a、L_b 就组成一个封闭的尺寸图形，即形成一个尺寸链，如图9-7（b）所示。再如图9-8（a）所示，A_1 和 A_0 为图样上的标注尺寸，若按图样尺寸加工时尺寸 A_0 不便测量，但通过保证尺寸 A_1 和易于测量的尺寸 A_2，间接得到尺寸 A_0，那么尺寸 A_1、A_2 和 A_0 就组成一个尺寸链，如图9-8（b）所示。

2）工艺尺寸链的组成

在工艺尺寸链中，每一个尺寸称为尺寸链的环，尺寸链的环按性质不同可分为组成环和封闭环。组成环是加工过程中直接得到的尺寸，如图9-7（b）所示的尺寸 L_a、L_b 和图9-8（b）所示的尺寸 A_2、A_1 均为加工过程直接得到的尺寸，故为组成环。

封闭环是在加工过程中间接得到的尺寸，如图9-7（b）所示的尺寸 L_0 和图9-8（b）所

示的尺寸 A_0 均为封闭环。封闭环的右下角通常用"0"表示。

在尺寸链中，若其余组成环保持不变，当某一组成环增大时，则封闭环也随之增大，该组成环便为增环；反之，使封闭环减小的环，便为减环。图 9-7（b）中的 L_a 和图 9-8（b）中的 A_1 为增环，其上用一向右的箭头表示，即 $\overrightarrow{L_a}$、$\overrightarrow{A_1}$；图 9-7（b）中的 L_b 和图 9-8（b）中的 A_2 为减环，其上用一向左的箭头表示，即 $\overleftarrow{L_b}$、$\overleftarrow{A_2}$。

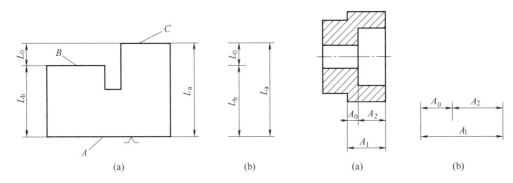

图 9-7 加工台阶零件的尺寸链　　　　图 9-8 加工套筒零件的尺寸链

3）工艺尺寸链的特征

① 关联性。组成工艺尺寸链的各尺寸之间存在内在关系，相互无关的尺寸不会组成尺寸链。在工艺尺寸链中，每一个组成环不是增环就是减环，其中任何一个尺寸发生变化时，均要引起封闭环尺寸的变化。对工艺尺寸链的封闭环没有影响的尺寸，就不是该工艺尺寸链的组成环。

② 封闭性。尺寸链是一个首尾相接且封闭的尺寸图形，其中包含一个间接得到的尺寸。不构成封闭的尺寸图形就不是尺寸链。

（2）工艺尺寸链的分类

按尺寸链各环尺寸的几何特征不同，工艺尺寸链可分为长度尺寸链和角度尺寸链。

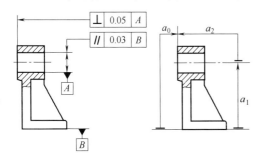

图 9-9 角度尺寸链

① 长度尺寸链：组成尺寸链的各环均为长度尺寸的工艺尺寸链，如图 9-7（b）和图 9-8（b）所示。

② 角度尺寸链：组成尺寸链的各环均为角度尺寸的工艺尺寸链，这种尺寸链多为形位公差构成的尺寸链，如图 9-9 所示。

按尺寸链各环的空间位置，工艺尺寸链又可分为直线尺寸链、平面尺寸链和空间尺寸链3 种。其中直线尺寸链最为常见，后面的讨论均以直线尺寸链和长度尺寸链为例。

（3）尺寸链的计算

尺寸链的计算方法有极值法和概率法 2 种。极值法是从组成环可能出现最不利的情况出发，即当所有增环均为最大极限尺寸而所有减环均为最小极限尺寸，或当所有增环均为最小极限尺寸而所有减环均为最大极限尺寸，来计算封闭环的极限尺寸和公差，一般应用于中、小批生产和可靠性要求高的场合。概率法一般用于大批生产（如汽车工业）中，或用于装配尺寸链。下面主要介绍极值法的计算公式。

1）封闭环的基本尺寸

封闭环的基本尺寸等于所有组成环基本尺寸的代数和，即

$$A_0 = \sum_{i=1}^{m} \vec{A}_i - \sum_{i=1}^{n} \overleftarrow{A}_i \tag{9-6}$$

式中　m——增环数；

　　　n——减环数。

2）封闭环的极限尺寸

$$A_{0\max} = \sum_{i=1}^{m} \vec{A}_{i\max} - \sum_{i=1}^{n} \overleftarrow{A}_{i\min} \tag{9-7}$$

$$A_{0\min} = \sum_{i=1}^{m} \vec{A}_{i\min} - \sum_{i=1}^{n} \overleftarrow{A}_{i\max} \tag{9-8}$$

式中　$A_{0\max}$，$A_{0\min}$——封闭环的最大与最小极限尺寸；

　　　$\vec{A}_{i\max}$，$\vec{A}_{i\min}$——增环的最大与最小极限尺寸；

　　　$\overleftarrow{A}_{i\max}$，$\overleftarrow{A}_{i\min}$——减环的最大与最小极限尺寸。

3）封闭环的上、下偏差

由封闭环的极限尺寸减去其基本尺寸即可得到封闭环的上、下偏差。

$$ES(A_0) = \sum_{i=1}^{m} ES(\vec{A}_i) - \sum_{i=1}^{n} EI(\overleftarrow{A}_i) \tag{9-9}$$

$$EI(A_0) = \sum_{i=1}^{m} EI(\vec{A}_i) - \sum_{i=1}^{n} ES(\overleftarrow{A}_i) \tag{9-10}$$

式中　$ES(A_0)$，$EI(A_0)$——封闭环的上、下偏差；

　　　$ES(\vec{A}_i)$，$EI(\vec{A}_i)$——增环的上、下偏差；

　　　$ES(\overleftarrow{A}_i)$，$EI(\overleftarrow{A}_i)$——减环的上、下偏差。

4）封闭环的公差 T_0

封闭环的公差等于各组成环公差之和，即

$$T_0 = \sum_{i=1}^{m+n} T_i \tag{9-11}$$

式中　T_0——封闭环公差；

　　　T_i——组成环公差。

5）组成环的平均公差

$$T_{\mathrm{av}} = \frac{T_0}{m+n} \tag{9-12}$$

在用极值法计算时，封闭环的公差大于任一组成环的公差。当封闭环的公差一定时，组成环数目越多，其公差就越小，这就必然造成加工困难。因此在分析尺寸链时，应使尺寸链的组成环数为最少，即应遵循尺寸链最短的原则。

在大批生产中，各组成环出现极限尺寸的可能性并不大，尤其是当尺寸链中组成环数较多时，所有组成环均出现极限尺寸（如增环为最大尺寸，减环为最小尺寸）的可能性很

小，因此用极值法计算显得过于保守。因此，在封闭环公差较小且组成环数较多的情况下，可采用概率法计算，其公式为

$$T_0 = \sqrt{\sum_{i=1}^{m+n} T_i^2} \qquad (9\text{-}13)$$

（4）工艺尺寸链的应用

在机械加工中，每道工序加工的结果都以一定的尺寸值表示出来，而工艺尺寸就是反映相互关联的一组尺寸之间的关系，也就反映了这组尺寸所对应的加工工序之间的相互联系。一般来说，在工艺尺寸链中，组成环是各工艺的工艺尺寸，是加工过程中直接保证的尺寸；封闭环是间接得到的设计尺寸或工序加工余量，有时封闭环是中间工序的工艺尺寸。

1）工艺尺寸链求解的几种情况

应用尺寸链计算公式求解工艺尺寸链有以下几种情况。

① 已知封闭环和部分组成环的尺寸，求其他组成环的尺寸。在工艺过程中，尺寸链计算多数是这种类型。

② 已知所有组成环的极限尺寸，求封闭环的极限尺寸。这种情况一般是工艺过程中确定各工艺尺寸时的设计计算。在工艺过程设计时，往往是封闭环的极限尺寸与组成环的基本尺寸是已知的，需通过公差分配与工艺尺寸链计算求出各组成环各道工序尺寸的上、下偏差。公差分配有以下 3 种方法。

a. 等公差值分配法。所谓等公差值分配法，就是把封闭环的公差均匀地分配给各组成环。这种方法虽然计算简单，但其缺陷就是忽视了组成环基本尺寸的大小。因此，按此法进行公差分配，当某些组成环尺寸较大时，会出现不宜使用的结果。

b. 等公差级分配法。所谓等公差级分配法，即依据各组成环尺寸的大小按相同的公差等级进行分配。在分配中必须保证

$$T_0 \approx \sum_{i=1}^{m+n} T_i \qquad (9\text{-}14)$$

这种方法比较合理，它通过保证各组成环具有相同的公差等级，从而使各道工序在加工时的难易程度基本均衡。其不足之处是当各道工序采用不同的加工方法时，这种分配会出现一定的不合理。因为不同的加工方法对应的经济加工精度是不同的，再加上各工序的工艺尺寸的作用也不可能相同。

c. 组成环主次分类法。所谓组成环主次分类法，即先把组成环按作用的重要性进行主次分类，然后再按相应的加工方法的经济加工精度确定各组成环合理的公差等级。这种方法在生产中应用较多。

2）建立工艺尺寸链的步骤

工艺尺寸链主要依据下列 3 步建立。

① 确定封闭环。封闭环一般是间接得到的设计尺寸或工序加工余量，有时也可能是中间工序的工艺尺寸。

② 查找组成环。从封闭环的某一端开始，按照尺寸之间的联系，首尾相接依次画出对封闭环有影响的尺寸，直到封闭环的另一端，所形成的封闭尺寸图形就构成一个工艺尺寸链，如图 9-10 所示，由 $L_0 \rightarrow L_b \rightarrow L_a$ 到 L_0 的另一端，或者由 $L_0 \rightarrow L_a \rightarrow L_b$ 到 L_0 的另一端。

③ 确定增、减环。具体方法为先给封闭环任画一个与其尺寸线平行的箭头，然后沿此

方向，绕工艺尺寸链依次给各组成环画出箭头，凡与封闭环箭头方向相同的为减环，反之为增环。如图 9-10（b）所示，L_a 为增环，L_b 为减环。

3）工艺尺寸链计算示例

① 基准不重合时工序的工艺尺寸及公差的确定。当定位基准与设计基准或工序基准不重合时，需按工艺尺寸链进行分析计算。

a. 测量基准与设计基准不重合时工艺尺寸及公差的计算。

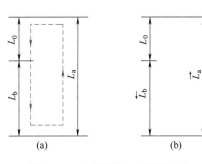

图 9-10 尺寸链增、减环的确定

【例 9-1】 如图 9-11 所示，加工时要保证尺寸（6 ± 0.1）mm，但该尺寸在加工时不便测量，只好通过测量尺寸 L 来间接保证。试求工艺尺寸 L 及其上、下偏差。

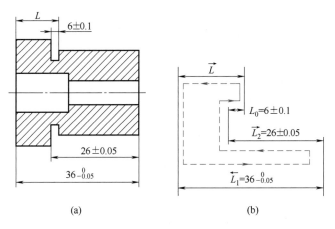

图 9-11 工艺尺寸链

解： ① 确定封闭环。

在图 9-17（a）中，其他尺寸均为直接得到的，只有（6 ± 0.1）mm 尺寸为间接保证的，故（6 ± 0.1）mm 为封闭环，即 $L_0 = (6\pm0.1)$mm。

② 画工艺尺寸链图并确定增、减环。

从封闭环 L_0 一端开始，画首尾相接的尺寸图形，便得到工艺尺寸链图，如图 9-11（b）所示。其中尺寸 L、$L_2 = (26\pm0.05)$mm 为增环，尺寸 $L_1 = 36_{-0.05}^{0}$mm 为减环。

③ 确定 L 的基本尺寸和上、下偏差。

由式（9-6）得

$$L_0 = L + L_2 - L_1$$
$$6 = L + 26 - 36$$

整理得 $L = 16$mm。

由式（9-9）得

$$\text{ES}(L_0) = \text{ES}(\vec{L}) + \text{ES}(\vec{L}_2) - \text{EI}(\overleftarrow{L}_1)$$
$$0.1 = \text{ES}(\vec{L}) + 0.05 - (-0.05)$$

整理得 $\text{ES}(\vec{L}) = 0$。

由式（9-10）得

$$EI(L_0) = EI(\vec{L}) + EI(\vec{L}_2) - ES(\vec{L}_1)$$
$$-0.1 = EI(\vec{L}) - 0.05 - 0$$

整理得 $EI(\vec{L}) = -0.05mm$。

所以有 $L = 16^{0}_{-0.05}$ mm。

b. 定位基准与设计基准不重合时工艺尺寸及其公差的计算。

【例9-2】 零件加工时，当加工表面的定位基准与设计基准不重合时，也需进行工艺尺寸链的换算。如图9-12所示，孔的设计基准是表面 C 而不是定位表面 A。在镗孔前，表面 A、B、C 已加工好。镗孔时，为使工件装夹方便，选择表面 A 作为定位基准。显然，定位基准与设计基准不重合，此时设计尺寸（120 ± 0.15）mm为间接得到的，是封闭环。为保证设计尺寸（120 ± 0.15）mm，必须将 L_3 控制在一定范围内，这就需要进行工艺尺寸链的计算。

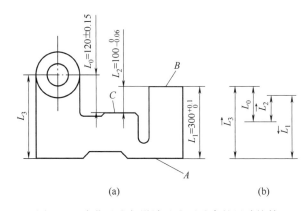

图9-12 定位基准与设计基准不重合的尺寸换算

解：① 确定封闭环。

设计尺寸 L_0 为间接得到，故 L_0 为封闭环。

② 画出工艺尺寸链图并确定增、减环。

由工艺尺寸链图可知，L_2、L_3 为增环，L_1 为减环。

③ 确定 L_3 的基本尺寸及其上、下偏差。

由式（9-6）得

$$L_0 = L_3 + L_2 - L_1$$
$$120 = L_3 + 100 - 300$$

所以 $L_3 = 120 + 300 - 100 = 320$（mm）

由式（9-9）得

$$ES(L_0) = ES(\vec{L}_3) + ES(\vec{L}_2) - EI(\vec{L}_1)$$
$$0.15 = ES(\vec{L}_3) + 0 - 0$$

所以 $ES(\vec{L}_3) = 0.15$（mm）。

由式（9-10）得 $\quad EI(L_0) = EI(\vec{L}_3) + EI(\vec{L}_2) - ES(\vec{L}_1)$
$$-0.15 = EI(\vec{L}_3) - 0.06 - 0.1$$

所以 $EI(\vec{L}_3) = 0.01$（mm）。

求得 $L_3 = 320^{+0.15}_{+0.01}$ mm。

② 中间工序的工艺尺寸及其公差的计算。

【例 9-3】 在工件加工过程中，其他工序的工艺尺寸及偏差均已知，求某中间工序的工艺尺寸及其偏差，称为中间尺寸计算。图 9-13 所示为一齿轮内孔的简图，内孔为 $\phi 40^{+0.05}_{0}$ mm，键槽尺寸深度为 $\phi 46^{+0.3}_{0}$ mm。内孔及键槽的加工顺序如下：① 精镗孔至 $\phi 39.6^{+0.1}_{0}$ mm；② 插键槽至尺寸 A；③ 热处理；④ 磨内孔至设计尺寸 $\phi 40^{+0.05}_{0}$ mm，同时间接保证键槽深度 $\phi 46^{+0.3}_{0}$ mm。计算中间工序的工艺尺寸 A。

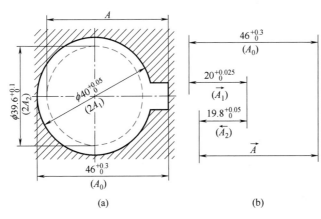

图 9-13　中间尺寸换算

解： ① 确定封闭环。

由键槽加工顺序可知，其他尺寸都是直接得到的，而 $46^{+0.3}_{0}$ mm 尺寸是间接保证的，所以该尺寸为封闭环。

② 画出工艺尺寸链图并确定增、减环。

由工艺尺寸链图可知，A、A_1 为增环，A_2 为减环。

③ 计算中间工序的工艺尺寸及其上、下偏差。

由式（9-6）得

$$46 = A + 20 - 19.8$$

整理得 $A = 45.8$（mm）。

由式（9-9）得

$$0.3 = ES(\vec{A}) + 0.025 - 0$$

所以 $ES(\vec{A}) = +0.275$（mm）。

由式（9-10）得

$$0 = EI(\vec{A}) + 0 - 0.05$$

所以 $EI(\vec{A}) = +0.05$（mm）。

故中间工序的工艺尺寸 $A = 45.8^{+0.275}_{+0.05}$ mm。

③ 保证渗碳或渗氮层厚度时工艺尺寸及其公差的计算。

工件渗碳或渗氮后，表面一般需经磨削才能保证尺寸精度，同时还需要保证在磨削后能获得图样要求的渗入层厚度。显然，这里渗碳层的厚度是封闭环。

【例 9-4】 图 9-14 所示为轴类零件，其加工过程为车外圆至 $\phi20.6_{-0.04}^{0}$ mm →渗碳淬火→磨外圆至 $\phi20_{-0.02}^{0}$ mm。试计算保证渗碳层厚度为 0.7 ~ 1.0mm（$0.7_{0}^{+0.3}$ mm）时，渗碳工序的渗入厚度及其公差。

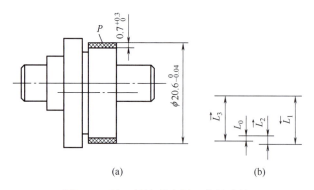

图 9-14 偏心轴渗碳磨削工艺尺寸链

解： ① 确定封闭环。

由题意可知，其他尺寸均是直接得到的，只有磨削后要保证的渗碳层厚度 0.7 ~ 1.0mm（$0.7_{0}^{+0.3}$ mm）为间接得到的，故该尺寸为封闭环。

② 画工艺尺寸链图并确定增、减环。

由工艺尺寸链图可知，L_3、L_2 为增环，L_1 为减环。

③ 计算渗碳层尺寸及其公差。

由式（9-6）得

$$0.7 = L_2 + 10 - 10.3$$

整理得 $L_2 = 1$（mm）。

由式（9-9）得

$$0.3 = ES(\vec{L}_2) + 0 - (-0.02)$$

所以 $ES(\vec{L}_2) = +0.28$（mm）。

由式（9-10）得

$$0 = EI(\vec{L}_2) + (-0.01) - 0$$

所以 $EI(\vec{L}_2) = 0.01$（mm）。

因此渗碳层深度尺寸 $L_2 = 1_{+0.01}^{+0.28}$ mm。

上述计算的工艺尺寸链都比较简单，但当组成尺寸链的环数较多、工序基准变换比较复杂时，采用上述方法建立与解算尺寸链则比较麻烦且容易出错。对此，采用图解跟踪法或尺寸式法建立和解算工艺尺寸链较为方便，关于这一内容此处就不再赘述，请读者查阅有关资料。

9.3 确定装夹方案

9.3.1 盘类零件的定位基准和装夹方法

（1）基准选择

① 以端面为主（如支承块），其零件加工中的主要定位基准为平面。

② 以内孔为主，同时辅以端面的配合。

③ 以外圆为主（较少），往往也需要有端面的辅助配合。

（2）安装方案

① 用三爪自定心卡盘安装。用三爪自定心卡盘装夹外圆时，为定位稳定可靠，常采用反爪装夹（共限制工件除绕轴转动外的 5 个自由度）；装夹内孔时，以卡盘的离心力作用完成工件的定位、夹紧（也限制了工件除绕轴转动外的 5 个自由度）。

② 用专用夹具安装。以外圆作径向定位基准时，可用定位环作定位件；以内孔作径向定位基准时，可用定位销（轴）作定位件。根据零件构形特征及加工部位、要求，选择径向夹紧或端面夹紧。

③ 用虎钳安装。生产批量小或单件生产时，可采用虎钳装夹（如支承块上侧面、十字槽加工）。

9.3.2 套类零件的定位基准和装夹方法

装夹方法有以下三种。

（1）一次装夹下加工全部表面

当零件的尺寸较小时，尽量在一次装夹下加工出较多表面，既减少装夹次数及装夹误差，又容易获得较高的位置精度。

当套的尺寸较小时，常用长棒料做毛坯，棒料可穿入机床主轴通孔。此时可用三爪自定心卡盘夹棒料外圆，一次装夹下加工完工件的所有表面，这样既装夹方便，又因为消除了装夹误差而容易获得较高的位置精度。若工件外径较大，毛坯不能通过主轴通孔，也可以在确定毛坯尺寸时将其长度加长些供装夹使用，只是这样较浪费材料，当工件较长时装夹不便。

（2）以孔定位加工外圆

① 用心轴装夹，如图 9-15 所示。

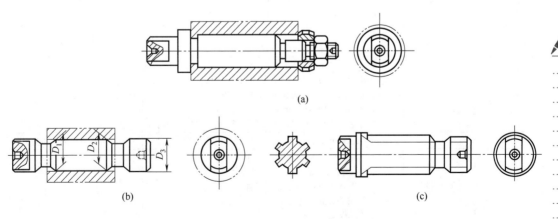

(a)

(b)   (c)

图 9-15 刚性心轴装夹示例

② 用两圆锥销（顶尖）装夹，如图 9-16 所示。

图 9-16　大头顶尖和梅花顶尖

③ 以外圆定位，可分别用三爪自定心卡盘、四爪单动卡盘、专用夹具装夹。

综上所述，图 9-2 所示零件的加工基准及装夹方案设计如下：①对于零件而言，尽可能选择不加工表面为粗基准。而对有若干个不加工表面的工件，则应以与加工表面要求比相对位置精度较高的不加工表面作粗基准。根据这个基准选择原则，选取中心孔为粗基准。②对于此轴承套精基准的选择，主要考虑左端面与轴心线的垂直度要求、$\phi 34js7mm$ 的外圆与轴心线的圆跳动要求以及外圆和内孔的尺寸精度要求。所以，在加工外圆时用左端面和内孔作为精基准，用心轴定位，用两顶尖装夹即可。

9.4　拟订工艺路线

微课

盘套类零件加工工艺

$\phi 34js7mm$ 外圆端面需经过粗车和精车两步方能达到要求；$\phi 42mm$ 外圆表面只需一步粗车即可满足要求；$\phi 42mm$ 端面需经过粗车和精车两步达到要求；$\phi 22H7mm$ 孔需经过钻、车、铰三步达到要求；其余加工面和孔只需一步加工即可达到要求，且无位置精度要求，可不做过多考虑。

综上所述，该零件的工艺路线可拟定为：按五件合一加工下棒料 215mm×$\phi 45mm$ →钻中心孔→粗车外圆、退刀槽及两端倒角→钻孔 $\phi 22H7mm$ 至 $\phi 22mm$，毛坯成单件→车、铰孔至尺寸→精车外圆 $\phi 34js7$ →钻径向油孔 $\phi 4mm$ →检查入库。

 ## 任务实施

机械加工工艺过程（小批生产）见表 9-2。

表 9-2　机械加工工艺过程（小批生产）

工序号	工序名称	工序内容	定位基准
1	备料	棒料，按五件合一加工下料	
2	钻中心孔	①车端面，钻中心孔 ②调头车另一端面，钻中心孔	三爪夹外圆面
3	粗车	①车外圆 $\phi 42mm$，长度为 6.5mm ②车外圆 $\phi 34js7mm$，长度为 35mm ③车空刀槽 2mm×0.5mm，取总长 40.5mm ④车分割槽 $\phi 20mm$×3mm ⑤两端倒角 1.5mm×45°（五件同加工，尺寸均相同）	中心孔
4	钻	钻孔 $\phi 22H7mm$ 至 $\phi 22mm$，五件合一的零件成为单件	软爪夹 $\phi 42mm$ 外圆
5	车、铰	①车端面，取总长 40mm 至尺寸 ②车内孔 $\phi 22H7mm$ ③车内槽 $\phi 24mm$×16mm 至尺寸 ④铰孔 $\phi 22H7mm$ 至尺寸 ⑤孔两端倒角	软爪夹 $\phi 42mm$ 外圆
6	精车	车 $\phi 34js7mm$ 至尺寸	$\phi 22H7mm$ 孔
7	钻	钻径向孔 $\phi 4mm$	$\phi 34mm$ 外圆端面
8	检验		

考核评价小结

（1）盘套类零件形成性考核评价（30%）

盘套类零件形成性考核评价由教师根据学生考勤、课堂表现等进行，评价见表 9-3。

表 9-3　盘套类零件形成性考核评价

小组	成员	考勤	课堂表现	汇报人	补充发言 自由发言
1					
2					
3					

（2）盘套类零件工艺设计考核评价（70%）

盘套类零件工艺设计考核评价由学生自评、小组内互评、教师评价三部分组成，评价见表 9-4。

表 9-4　盘套类零件工艺设计考核评价

序号	项目名称		配分	自评（15%）	互评（20%）	教评（65%）	得分
	评价项目	扣分标准					
1	定位基准的选择	不合理，扣 5～10 分	10				
2	确定装夹方案	不合理，扣 5 分	5				
3	拟订工艺路线	不合理，扣 10～20 分	20				
4	确定加工余量	不合理，扣 5～10 分	10				
5	确定工序尺寸	不合理，扣 5～10 分	10				
6	确定切削用量	不合理，扣 1～10 分	10				
7	机床夹具的选择	不合理，扣 5 分	5				
8	刀具的确定	不合理，扣 5 分	5				
9	工序图的绘制	不合理，扣 5～10 分	10				
10	工艺文件内容	不合理，扣 5～15 分	15				
互评小组			指导教师		项目得分		
备注			合计				

拓展练习

轴套零件图如图 9-17 所示，试完成以下任务：

① 进行轴套零件图的工艺性分析；

② 进行轴套零件形位公差分析；

③ 进行轴套零件加工方法、定位基准、工艺装备分析；

④ 确定轴套体零件的加工工艺过程。

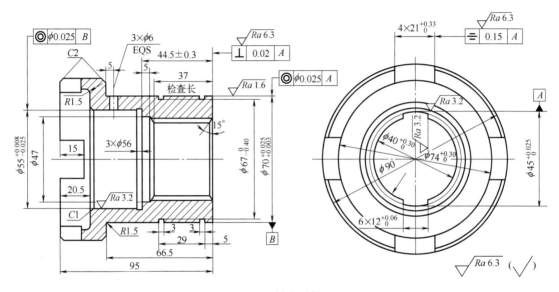

图 9-17 轴套零件图

项目 10

配合零件车削加工工艺

项目概述

　　在机械传动中，回转运动变为往复直线运动或者往复直线运动变为回转运动，一般都是利用偏心零件来完成的。偏心回转体类零件就是零件的外圆或者外圆与内孔的轴线相互平行而不重合，偏离一个距离的零件，如图10-1所示。偏心轴、偏心套加工工艺比常规回转体轴类、套类、盘类零件的加工工艺复杂，主要是因为难以把握好偏心距，难以达到图纸技术要求的偏心距公差要求。本项目通过介绍球头偏心轴套零件（图10-2）的数控加工工艺设计，使学生了解偏心零件的概念，掌握偏心零件的装夹方式和加工方法，掌握偏心零件的工艺文件的制作，从而初步具备制订配合零件车削加工工艺文件的能力。

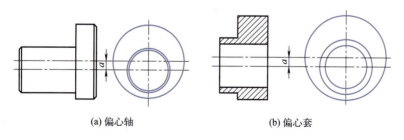

(a) 偏心轴　　　　　　　　　　　(b) 偏心套

图 10-1　偏心零件

教学目标

 1. 知识目标

　① 了解偏心零件的概念。
　② 掌握偏心零件的装夹方式。
　③ 掌握偏心零件的加工方法。
　④ 掌握偏心零件的工序安排和切削用量的确定。

⑤ 掌握数控配合零件车削加工工艺文件的制订。

▶▶ （ **2. 能力目标** ）

① 能根据偏心零件确定装夹方式。

② 能根据偏心零件选择合理的加工方法。

③ 能编制偏心零件的工艺文件。

▶▶ （ **3. 素质目标** ）

① 培养学生认真负责的工作态度和严谨细致、精益求精、专注的工匠精神。

② 培养学生认真负责、踏实敬业的工作态度和严谨求实、一丝不苟的工作作风。

③ 树立工艺绿色化、智能化意识。

 任务描述

　　球头偏心轴套零件由球头偏心轴、薄壁偏心套、多阶套和双锥螺套 4 个零件组合装配而成，如图 10-2 所示。偏心轴、偏心套一般都采用车削加工，它们的加工原理与常规回转体轴类、套类、盘类零件的加工原理基本相同。但如何把握好偏心距，达到图纸技术要求的偏心距公差要求，是整个工艺设计的难点，而后续的加工工艺设计则可借鉴常规回转体零件的加工工艺设计完成。本项目针对配合零件完成车削加工工艺。

学海导航

大国工匠 - 孙红梅

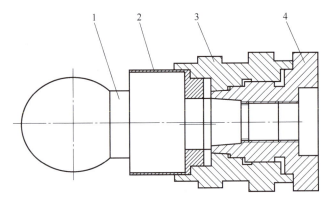

图 10-2　球头偏心轴套零件装配
1—球头偏心轴；2—薄壁偏心套；3—多阶套；4—双锥螺套

 相关知识

10.1 **球头偏心轴套零件工艺性分析**

　　该零件主要由球头偏心轴（图 10-3）、薄壁偏心套（图 10-4）、多阶套（图 10-5）和双锥螺套（图 10-6）组成。其中球头偏心轴的中心并非在轴线中心，加工时需注意，但是它还是属于轴类零件，主要由圆柱面、锥面、孔、槽、圆球面、螺纹等部分组成。轴肩一般用来确定安装在轴上的零件的轴向位置，各锥面的作用是使零件装配时配合面易于配合；螺纹用于安装锁紧螺母和调整螺母。

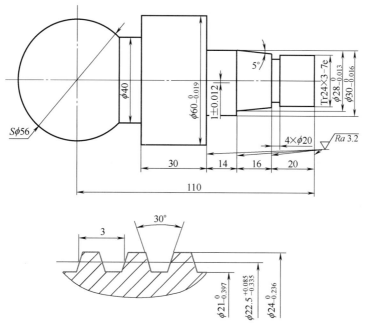

图 10-3　球头偏心轴零件图

（1）球头偏心轴套零件的加工技术要求

根据工作性能与条件，各零件图详细规定了轴上内、外圆表面的尺寸、位置精度和表面粗糙度值。这些技术要求必须在加工中给予保证。该球头偏心轴套零件的关键加工工序是 $\phi 80mm$ 外圆柱面、$\phi 60mm$ 和 $\phi 62mm$ 等内圆柱面的加工，同时各个内孔深度尺寸也是加工的重点。

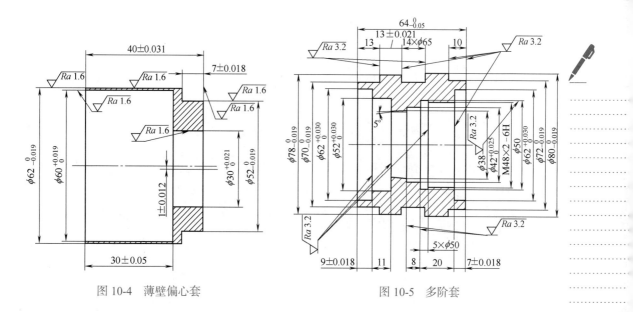

图 10-4　薄壁偏心套　　　　　　　　图 10-5　多阶套

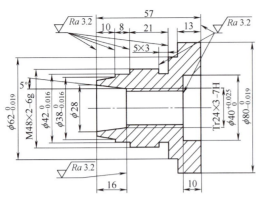

图 10-6 双锥螺套

（2）球头偏心轴套零件的材料与毛坯的确定

根据图纸规定的材料及力学性能选择毛坯件。图纸标定的材料为 45 钢，该材料属于碳素钢。由于零件尺寸与各外圆直径尺寸相差不大，故分别选择长度为 142mm、45mm、70mm、65mm，直径为 $\phi100mm$ 的 45 钢棒料作为毛坯。

10.2 球头偏心轴套零件定位基准与装夹方案的确定

（1）加工偏心回转体零件的常用夹具

加工中小型偏心回转体零件的常用夹具有三爪卡盘、四爪卡盘、两顶尖装夹、偏心卡盘、角铁和专用偏心车削夹具等；加工中大型偏心回转体零件的常用夹具有四爪卡盘和花盘。三爪卡盘、四爪卡盘和两顶尖装夹这些夹具在前文已经讲述，这里不再赘述。而偏心卡盘和专用偏心车削夹具，一般工厂较少配备，所以下面补充介绍一下花盘和角铁。

1）花盘

花盘是一个使用铸铁制作的大圆盘，盘面上有很多长短不同呈辐射状分布的通槽或 T 形槽，用于安装各种螺栓，并以此固定工件，如图 10-7 所示。花盘可以直接安装在车床主轴上，其盘面必须与主轴轴线垂直，并且盘面平整。

花盘再使用时必须找正，安装好花盘后，装夹工件前必须认真检查以下两项内容。

① 检测花盘盘面对车床主轴线的端面圆跳动。

② 检测花盘盘面的平行度误差。

2）角铁

在车床上加工壳体、支座、杠杆、接头和偏心回转体等零件的回转端面和回转表面，由于零件形状较复杂，难以装夹在通用卡盘上，常采用夹具体呈角铁形状的夹具，通常称为角铁。角铁和在角铁上装夹、找正工件如图 10-8 所示。

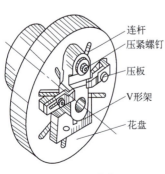

图 10-7 花盘

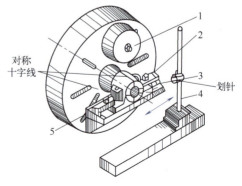

图 10-8 角铁和在角铁上装夹、找正工件
1—平衡铁；2—工件；3—角铁；4—划针盘；5—压板

在角铁上装夹和找正工件时，钳工先在偏心工件上划线确定孔或轴的偏心位置，再使用划针对偏心的孔或轴的偏心位置进行找正，不断地调整各部件，使工件孔或轴的轴心线和车床主轴轴心线重合。

（2）球头偏心轴套零件定位基准与装夹方案的确定

合理选择定位基准，对于保证零件的尺寸和位置精度有着决定性的作用。由于该偏心轴的几个主要配合表面及轴肩面对基准轴线有偏离 1mm 的距离，所以在选择基准的时候要向靠近自己的方向偏离 1mm 的距离。但它又是空心轴，所以粗基准采用热轧圆钢的毛坯外圆即可保证零件的技术要求。

考虑到该配合零件在形状上无特殊要求，所以夹具选用四爪定心卡盘即可。中心孔加工采用四爪自定心卡盘装夹热轧圆钢的毛坯外圆，车端面、钻中心孔。然后以已车过的外圆作精基准，用四爪自定心卡盘装夹，车另一端面、外圆及螺纹。

10.3 球头偏心轴套零件加工方案的拟订

（1）加工方法的确定

该轴大都是回转表面，主要采用车削。外圆表面的加工方案可为：粗车→精车。内圆表面的加工方案可为：钻孔→粗镗→精镗。

（2）工艺路线的制订

综合上述分析，按照由右至左、由内到外、先粗后精的原则确定该配合零件的工艺路线如下：下料→车右端面→粗车外圆→切槽→车螺纹→钻孔→粗镗孔→精镗孔→卸下掉头装夹→车右端面→粗车外圆→精车外圆→切槽→车螺纹→检验。

微课

球头偏心轴套零件
机械加工工艺

（3）加工工序与工步的划分

球头偏心轴套零件的加工工序可依据装夹次数划分，可划分为两道工序，即工序 1（装夹零件左端加工零件右端内外型面）和工序 2（调头装夹零件右端加工零件左端内外型面）。

1）球头偏心轴的加工工序与工步划分

工序 1：下料，用切割机切 ϕ100mm 的 45 热轧圆钢，长度为 142mm。

工序 2：装夹毛坯左端，棒料伸出卡盘外约 90mm，找正后夹紧，加工零件右端面。

工步如下：

① 用 93° 外圆正偏车刀进行零件右端面的轮廓粗加工。

② 用 93° 外圆正偏车刀进行零件右端面的轮廓精加工。

③ 用宽 4mm 的硬质合金焊接切槽刀切槽。

④ 用 30° 的梯形螺纹刀切制螺纹。

工序 3：卸下工件，调头装夹零件右端面，用铜皮包住已加工过的 ϕ60mm 的外圆，棒料伸出卡盘外约 77mm 找正后夹紧，加工零件左端内外型面。

工步如下：

① 用 93° 外圆正偏车刀车圆球面和 ϕ40mm 的圆柱面并控制总长在 138mm 内。

② 用 93° 外圆正偏车刀进行零件左端面的轮廓粗加工。

③ 用 93° 外圆正偏车刀进行零件左端面的轮廓精加工。

2）薄壁偏心套的加工工序与工步划分

工序 1：下料，用切割机切 ϕ100mm 的 45 热轧圆钢，长度为 45mm。

工序 2：装夹毛坯左端，棒料伸出卡盘外约 25mm，找正后夹紧，加工零件右端面内外型面。

工步如下：

① 用 93° 外圆正偏车刀进行零件右端面的轮廓粗加工。

② 用 93° 外圆正偏车刀进行零件右端面的轮廓精加工。

③ 用 ϕ22mm 麻花钻钻孔。

④ 用镗孔刀进行零件右孔的镗孔粗加工和精加工。

工序 3：卸下工件，调头装夹零件右端面，用铜皮包住已加工过的 ϕ62mm 的外圆，棒料伸出卡盘外约 15mm 找正后夹紧，加工零件左端内外型面。

① 用 93° 外圆正偏车刀进行零件右端面的轮廓粗加工。

② 用 93° 外圆正偏车刀进行零件右端面的轮廓精加工。

③ 用 ϕ25mm 麻花钻钻孔。

④ 用镗孔刀进行零件右孔的镗孔粗加工和精加工。

3）多阶套的加工工序与工步划分

工序 1：下料，用切割机切 ϕ100mm 的 45 热轧圆钢，长度为 70mm。

工序 2：装夹毛坯左端，棒料伸出卡盘外约 45mm，找正后夹紧，加工零件右端面内外型面。

工步如下：

① 用 93° 外圆正偏车刀进行零件右端面的轮廓粗加工。

② 用 93° 外圆正偏车刀进行零件右端面的轮廓精加工。

③ 用宽 4mm 的硬质合金焊接切槽刀切槽。

④ 用 ϕ25mm 麻花钻钻孔。

⑤ 用镗孔刀进行零件右孔的镗孔粗加工和精加工。

⑥ 用 4mm 宽的内割刀割槽。

⑦ 用 60° 内螺纹刀切制螺纹。

工序 3：卸下工件，调头装夹零件右端面，用铜皮包住已加工过的 ϕ80mm 的外圆，棒料伸出卡盘外约 40mm，找正后夹紧，加工零件左端内外型面。

工步如下：

① 用 93° 外圆正偏车刀车 ϕ78mm 的圆柱面并控制总长在 64mm 内。

② 用 93° 外圆正偏车刀进行零件左端面的轮廓粗加工。

③ 用 93° 外圆正偏车刀进行零件左端面的轮廓精加工。

④ 用 ϕ25mm 麻花钻钻通孔。

⑤ 用镗孔刀进行零件左孔的镗孔粗加工和精加工。

4）双锥螺套的加工工序与工步划分

工序 1：下料，用切割机切 ϕ100mm 的 45 热轧圆钢，长度为 65mm。

工序 2：装夹毛坯左端，棒料伸出卡盘外约 20mm，找正后夹紧，加工零件右端面内外型面。

工步如下：

① 用 93° 外圆正偏车刀进行零件右端面的轮廓粗加工。

②用93°外圆正偏车刀进行零件右端面的轮廓精加工。

③用φ20mm麻花钻钻通孔。

④用镗孔刀进行零件右孔的镗孔粗加工和精加工。

工序3：卸下工件，调头装夹零件右端面，用铜皮包住已加工过的φ80mm的外圆，棒料伸出卡盘外约44mm，找正后夹紧，加工零件左端内外型面。

工步如下：

①用93°外圆正偏车刀车φ80mm的圆柱面并控制总长在57mm内。

②用93°外圆正偏车刀进行零件左端面的轮廓粗加工。

③用93°外圆正偏车刀进行零件左端面的轮廓精加工。

④用φ20mm麻花钻钻孔。

⑤用镗孔刀进行零件左孔的镗孔粗加工和精加工。

⑥用60°内螺纹刀切制螺纹。

⑦用4mm宽的内割刀割槽。

⑧用30°的梯形螺纹刀加工外螺纹。

 ## 任务实施

（1）球头偏心轴套零件刀具卡

根据球头偏心轴套零件加工工艺的分析，选择其加工刀具，填写刀具卡，见表10-1。

表 10-1 球头偏心轴套零件刀具卡

序号	刀具规格与名称	刀具号	数量	加工内容		
1	93°外圆正偏车刀	T01	1	轮廓粗精加工		
2	宽4mm的硬质合金焊接切槽刀	T02	1	切槽		
3	30°的梯形螺纹刀	T03	1	螺纹加工		
4	镗孔刀	T04	1	镗孔		
5	4mm宽的内割刀	T05	1	割槽		
6	60°内螺纹刀	T06	1	螺纹加工		
7	φ20mm麻花钻	T07	1	钻孔		
8	φ22mm麻花钻	T08	1			
9	φ25mm麻花钻	T09	1			
		设计	校对	审核	标准化	会签
处数	标记	更改文件号				

（2）球头偏心轴套零件机械加工工序卡

①球头偏心轴零件机械加工工序卡。

球头偏心轴零件机械加工工序卡见表10-2。

②薄壁偏心套零件机械加工工序卡。

薄壁偏心套零件机械加工工序卡见表10-3。

表 10-2　球头偏心轴零件机械加工工序卡

全工序	机械加工工序卡	产品型号		
		产品名称	球头偏心轴	
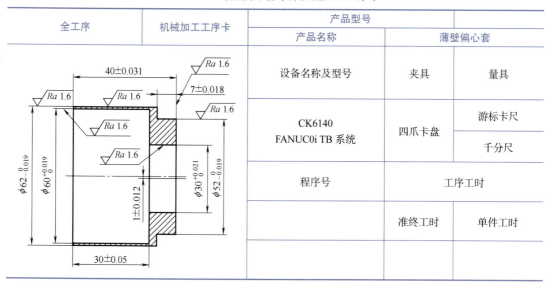		设备名称及型号	夹具	量具
		CK6140 FANUC 0i TB 系统	四爪卡盘	游标卡尺
				千分尺
		程序号	工序工时	
			准终工时	单件工时

工步号	工步内容	切削用量			刀号
		v_c/(m/min)	n/(r/min)	a_p/mm	
5	夹毛坯外圆伸出长度约 90mm				
10	粗车零件右端面、台阶等，单边留加工余量 0.3mm	120	600	1.5	
15	精加工零件右端外轮廓	40	800	0.5	
20	换 4mm 的硬质合金焊接切槽刀切 $4 \times \phi 20$mm 的槽	20	400	0.3	
25	换外螺纹刀粗、精车外螺纹（螺距为 3mm）	40	400	0.2	
30	调头用薄铜片装夹右端并校正				
35	精车圆球面和 $\phi 40$mm 的圆柱面保证总长 138mm	50	500		
40	粗加工左端外轮廓，单边留加工余量 0.3mm	100	500	1	
45	精加工左端外轮廓	40	800	0.5	
50	检验，入库				
		设计	校对		会签
标记	处数	更改文件号			

表 10-3　薄壁偏心套零件机械加工工序卡

全工序	机械加工工序卡	产品型号		
		产品名称	薄壁偏心套	
		设备名称及型号	夹具	量具
		CK6140 FANUC0i TB 系统	四爪卡盘	游标卡尺
				千分尺
		程序号	工序工时	
			准终工时	单件工时

续表

工步号	工步内容	切削用量			刀号
		v_c/（m/min）	n/（r/min）	a_p/mm	
5	夹毛坯外圆伸出长度约 25mm				
10	车平零件右端面		500		
15	粗加工右端面外轮廓	120	600	2	
20	精加工零件右端外轮廓	40	800	0.5	
25	用 ϕ22mm 麻花钻钻孔		400		
30	粗镗右孔单边留余量 0.3mm	50	500	1	
35	精镗右孔	40	800	0.5	
40	调头用薄紫铜片装夹右端并校正				
45	车端面保证总长为 40mm				
50	粗加工左端外轮廓留单边余量 0.3mm	100	500	1	
55	精加工零件左端外轮廓	40	800	0.5	
60	粗镗左孔单边留量 0.3mm	50	500	1	
65	精镗左孔	40	800	0.5	
70	检验，入库				
		设计	校对		会签
标记	处数	更改文件号			

③ 多阶套零件机械加工工序卡。

多阶套零件机械加工工序卡见表 10-4。

表 10-4　多阶套零件机械加工工序卡

全工序		机械加工工序卡	产品型号		
			产品名称	多阶套	
			设备名称及型号	夹具	量具
			CK6140 FANUC 0i TB 系统	四爪卡盘	游标卡尺
					千分尺
			程序号	工序工时	
			准终工时	单件工时	

续表

工步号	工步内容	切削用量			刀号
		v_c（m/min）	n/（r/min）	a_p/mm	
5	夹毛坯外圆伸出长度约 45mm				
10	车平零件右端面	100	500		
15	粗加工右端面外轮廓单边留余量 0.3mm	120	600	2	
20	精加工零件右端外轮廓	40	800	0.5	
25	用 ϕ25mm 麻花钻钻通孔		400		
30	粗镗右孔单边留余量 0.3mm	50	500	1	
35	精镗右孔	40	800	0.5	
40	进行内孔割槽（槽宽 5mm）	40	400	1	
45	粗精加工内螺纹（螺距为 2mm）	40	400	0.2	
50	调头用薄紫铜片装夹右端并校正				
55	车端面保证总长为 64mm				
60	粗加工左端外轮廓留单边余量 0.3mm	100	500	1	
65	精加工零件左端外轮廓	40	800	0.5	
70	粗镗左孔单边留余量 0.3mm	50	500	1	
75	精镗左孔	40	800	0.5	
80	检验，入库				
		设计	校对		会签
标记	处数	更改文件号			

④ 双锥螺套零件机械加工工序卡。

双锥螺套零件机械加工工序卡见表 10-5。

表 10-5　双锥螺套零件机械加工工序卡

全工序		机械加工工序卡	产品型号		
			产品名称		双锥螺套
			设备名称及型号	夹具	量具
			CK6140 FANUC 0i TB 系统	四爪卡盘	游标卡尺
					千分尺
			程序号		工序工时
				准终工时	单件工时

续表

工步号	工步内容	切削用量			刀号
		v_c/（m/min）	n/（r/min）	a_p/mm	
5	夹毛坯外圆伸出长度约 20mm				
10	车平零件右端面	100	500		
15	粗加工右端面外轮廓单边留余量 0.3mm	120	600	2	
20	精加工零件右端外轮廓	40	800	0.5	
25	用 ϕ20mm 麻花钻钻通孔		400		
30	粗镗右孔，单边留余量 0.3mm	50	500	1	
35	精镗右孔	40	800	0.5	
40	粗精加工内螺纹（螺距为 2mm）	40	400	0.2	
45	调头用薄紫铜片装夹右端并校正				
50	车端面保证总长为 57mm				
55	粗加工左端外轮廓留单边余量 0.3mm	100	500	1	
60	精加工零件左端外轮廓	40	800	0.5	
65	粗镗左孔单边留余量 0.3mm	50	500	1	
70	精镗左孔	40	800	0.5	
75	粗精加工内螺纹（螺距为 3mm）	40	400	0.2	
80	进行 5mm×3mm 割槽	20	400		
85	粗精加工外螺纹	40	400	0.2	
90	检验，入库				
			设计	校对	会签
标记	处数	更改文件号			

 考核评价小结

（1）球心偏心轴套零件形成性考核评价（30%）

球心偏心轴套零件形成性考核评价教师根据学生考勤、课堂表现等进行，评价见表 10-6。

表 10-6　球头偏心轴套零件形成性考核评价

小组	成员	考勤	课堂表现	汇报人	补充发言 自由发言
1					
2					
3					

（2）球头偏心轴套零件工艺设计考核评价（70%）

球心偏心轴套零件工艺设计考核评价由学生自评、小组内互评、教师评价三部分组成，评价见表10-7。

表 10-7　球头偏心轴套零件工艺设计考核评价

项目名称				自评 （15%）	互评 （20%）	教评 （65%）	得分
序号	评价项目	扣分标准	配分				
1	定位基准的选择	不合理，扣 5～10 分	10				
2	确定装夹方案	不合理，扣 5 分	5				
3	拟订工艺路线	不合理，扣 10～20 分	20				
4	确定加工余量	不合理，扣 5～10 分	10				
5	确定工序尺寸	不合理，扣 5～10 分	10				
6	确定切削用量	不合理，扣 1～10 分	10				
7	机床夹具的选择	不合理，扣 5 分	5				
8	刀具的确定	不合理，扣 5 分	5				
9	工序图的绘制	不合理，扣 5～10 分	10				
10	工艺文件内容	不合理，扣 5～15 分	15				
互评小组				指导教师		项目得分	
备注				合计			

拓展练习

单拐曲轴零件图如图 10-9 所示，试完成以下任务：

① 进行单拐曲轴零件图的工艺性分析；

② 进行单拐曲轴零件形位公差分析；

③ 进行单拐曲轴零件加工方法、定位基准、工艺装备分析；

④ 确定单拐曲轴零件的加工工艺过程。

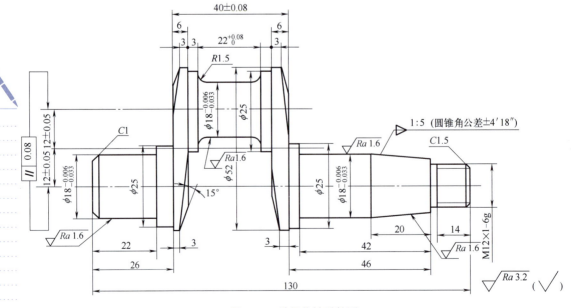

图 10-9　单拐曲轴零件图

学习模块 3
多轴加工工艺

项目 11

多轴联动加工工艺

项目概述

圆柱凸轮槽一般是按一定规律环绕在圆柱面上的等宽槽，如图 11-1 所示。通过对其加工工艺的设计，使学生掌握多轴联动加工工艺的基本方法。本项目通过对典型圆柱凸轮零件的加工（图 11-2），使学生掌握多轴联动加工基本原理、多轴工艺分析、多轴机床选择、多轴刀具选择、多轴工艺编制。

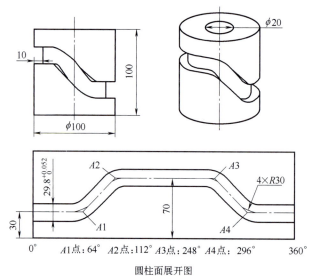

图 11-1　圆柱凸轮零件图

图 11-2　圆柱凸轮三维实体图

教学目标

▶▶ (**1. 知识目标**)

① 认识多轴联动机床。

② 知道多轴联动加工的特点。

③ 掌握多轴联动加工工艺。

④ 了解 UG 四轴零件编程及 VERICUT 仿真。

▶▶ (**2. 能力目标**)

① 通过对圆柱凸轮零件的加工工艺设计，使学生能运用多轴联动加工技术的相关知识，根据多轴联动加工的职业规范，完成圆柱凸轮零件的多轴联动加工。

② 初步具备操作多轴联动机床完成零件加工的能力。

▶▶ (**3. 素质目标**)

① 培育学生的爱国情怀、社会责任感、大国工匠精神。

② 培育学生良好的品德修养，积极践行社会主义核心价值观。

③ 培养学生知难而进的高端智能制造工艺能力。

任务描述

圆柱凸轮是一个在圆柱面上开有曲线凹槽或在圆柱端面上作出曲线轮廓的构件，它可以看作是将移动凸轮卷成圆柱体演化而成的。本项目针对圆柱凸轮零件完成多轴联动加工工艺。

学海导航

大国工匠 - 顾秋亮

 相关知识

11.1 数控多轴联动机床

（1）数控多轴联动加工特点

① 可以一次装夹完成多面多方位加工，从而提高零件的加工精度和加工效率。

② 由于多轴联动机床的刀轴可以相对于工件状态而改变，刀具或工件的角度可以随时调整，所以可以加工更加复杂的零件。

③ 具有较高的切削速度和切削宽度，使切削效率和加工表面质量得以改善。

④ 多轴联动机床的应用，可以简化刀具形状，从而降低刀具成本。

⑤ 在多轴联动机床上进行加工时，工件夹具较为简单。

（2）数控四轴联动机床

数控四轴联动机床如图 11-3 所示。

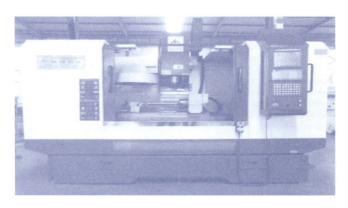

图 11-3　数控四轴联动机床

特点：数控四轴联动机床有三个直线坐标轴和一个旋转轴（A 轴或 B 轴），并且四个坐标轴可以在计算机数控（CNC）系统的控制下同时协调运动进行加工，常用于小型零件、细长零件的铣削。

（3）数控五轴联动机床

数控五轴联动机床如图 11-4 所示。

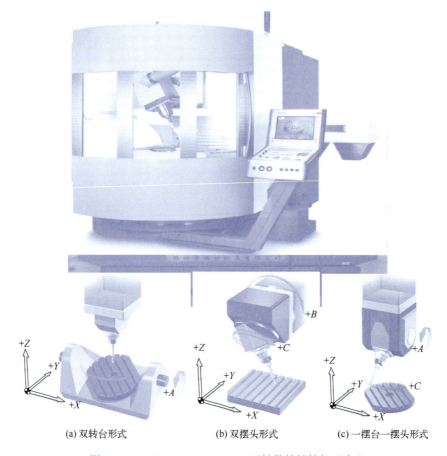

(a) 双转台形式　　　(b) 双摆头形式　　　(c) 一摆台一摆头形式

图 11-4　DMU 60 monoBLOCK 五轴数控镗铣加工中心

五轴联动机床有高效率、高精度的特点，工件一次装夹就可完成五面体的加工。若配以五轴联动的高档数控系统，还可以对复杂的空间曲面进行高精度加工，更能够适应像汽车零部件、飞机结构件等现代模具的加工。

五轴双转台加工中心的特点：适用于加工小型、轻型工件，工艺性较好，能完成孔的钻、扩、铰、镗、攻螺纹等加工。常用于加工精度要求不高的小型零件，如图 11-4（a）所示。

五轴双摆头加工中心的特点：适用于大型、重型工件。常用于大型模具、飞机机翼等的加工，如图 11-4（b）所示。

五轴一摆台一摆头加工中心的特点：由于减少了旋转轴、摆动轴的叠加，提高了机床刚性。适用于叶轮、支架类中小型零件加工，如图 11-4（c）所示。

11.2　多轴联动加工技术

多轴联动加工技术特点：
① 主轴和刀具具有非常高的线速度。
② 小步距，更多的加工步骤。
③ 恒定的切削负载和切削量。
④ 避免切削方向的突然变化。
⑤ 减少数控机床的加工时间和成本。
⑥ 改进曲面精加工质量，减少或省去手工打磨工序。
⑦ 直接加工高硬度材料。
⑧ 减少电火花加工。

11.3　多轴联动加工工艺

（1）多轴联动加工的刀具种类

多轴联动加工的刀具种类很多，常规刀具如图 11-5 所示，通常可按照以下方法进行分类。

1）从制造所采用的材料分类

刀具从制造材料上可分为高速钢刀具、硬质合金刀具、陶瓷刀具、超硬刀具。

2）从结构上分类

① 整体式、镶嵌式。镶嵌式刀具可分为焊接式和机夹式两种。机夹式根据刀体结构不同，可分为可转位和不转位。

② 减振式、内冷式。内冷式是指切削液通过刀体内部由喷口喷射到刀具的切削刃部，起到冷却刀具和工件并冲走切屑的作用。

另外，还有特殊形式的刀具，如复合刀具、可逆螺纹刀具等。

3）从切削工艺上分类

① 铣削刀具，包括面铣刀、立铣刀、模具铣刀、键槽铣刀、鼓形铣刀等。

② 孔加工刀具，包括钻孔刀具、扩孔刀具、铰孔刀具、镗孔刀具等。

为了适应数控机床对刀具耐用、稳定、易调、可换等要求，近几年机夹式可转位刀具得到了广泛应用，在数量上达到了整个数控刀具的 30% ～ 40%，金属切除量占总数的 80% ～ 90%。

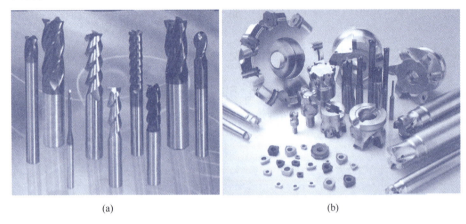

(a)   (b)

图 11-5   多轴联动加工的刀具

（2）多轴联动加工的工艺安排原则

1）粗加工的工艺安排原则

① 粗加工尽可能用平面加工或三轴加工去除大余量，以提高切削效率。

② 分层加工，留够精加工余量，使加工产生的内应力均衡，防止变形过大。

③ 对于难加工材料或窄缝的粗加工，可采用插铣。

2）半精加工的工艺安排原则

① 给精加工留下均匀的较小的余量。

② 给精加工留有足够的刚性。

3）精加工的工艺安排原则

① 分区域精加工，从浅入深，从上至下。

② 曲面—清根—曲面。切忌底面余量过大造成清根时过切。

任务实施

微课

凸轮加工工艺

（1）零件加工工艺

① 零件分析。

图 11-1 所示圆柱凸轮槽是环绕在圆柱面上的等宽槽，毛坯为棒料，其中 $\phi100$mm 外圆、$\phi20$mm 中心孔在上道工序已经完成加工，零件材料为 45 钢，要求在 $\phi100$mm 圆柱表面加工出 29.8mm × 10mm 的槽。

② 机床选择及工件装夹。

该圆柱凸轮槽加工时沿圆周表面铣削，适于用带有数控回转台的立式数控铣床进行加工。根据圆柱凸轮的实际结构，选用一夹一拉的装夹方式，三爪自定心卡盘夹持毛坯 $\phi100$mm 圆柱部位约 10mm，并通过中心孔用拉杆压紧在回转工作台上。

（2）设计工序内容

① 圆柱凸轮加工的刀具卡。

根据圆柱凸轮零件选择其加工刀具，填写刀具卡，见表 11-1。

表 11-1　圆柱凸轮刀具卡

（工序号）		刀具卡		共 1 页第 1 页					
序号	刀具名称	刀具规格				备注			
		型号	刀具号	刀具半径补偿号	刀具长度补偿号				
1	粗加工立铣刀	ϕ28mm	T1	D01	H01				
2	精加工立铣刀	ϕ29.8mm	T2	D02	H02				
				设计	校对	审核	标准化	会签	
处数	标记	更改文件号							

② 圆柱凸轮零件的工艺过程卡。

填写工艺过程卡，见表 11-2。

表 11-2　圆柱凸轮工艺过程卡

材料	45 钢	毛坯种类	棒料	毛坯尺寸	ϕ105mm×110mm	加工设备
序号	工序名称	工作内容				加工设备
1	备料	ϕ105mm×110mm				锯床
2	热处理	正火				热处理车间
3	车工	粗精毛坯至 ϕ100mm×100mm				C2-6136HK
4	车工	切断				C2-6136HK
5	铣工	一夹一拉装夹，粗加工凸轮槽，精加工凸轮槽				VMC850/L
6	钳工	去毛刺				手工
7	检验	按图纸要求检验				检验台
编制		审核		批准		共　页　　第　页

③ 填写圆柱凸轮零件机械加工工序卡。

填写机械加工工序卡，见表 11-3。

表 11-3　圆柱凸轮多轴联动机械加工工序卡

全工序	机械加工工序卡	产品型号		
		产品名称		圆柱凸轮
		设备	夹具	量具
		VMC850/L	三爪卡盘	千分尺 游标卡尺
		程序号	工序工时	
			准终工时	单件工时

圆柱面展开图

续表

工步号	工步内容	切削参数				冷却方式	刀号
		v_c /(m /min)	n /(r/min)	a_p /mm	f/ (mm /min)		
5	检查毛坯尺寸 ϕ100mm×100mm						
10	夹持毛坯 ϕ100mm 圆柱部位约 10mm，并通过中心孔用拉杆压紧在回转工作台上						
15	粗加工圆柱凸轮槽	110	800	1.5	200	水冷	T1
20	精加工圆柱凸轮槽，符合图纸要求	150	1000	0.2	80	水冷	T2
				设计	校对	审核	标准化	会签
标记	处数	更改文件号					

考核评价小结

（1）圆柱凸轮零件形成性考核评价（30%）

圆柱凸轮零件形成性考核评价由教师根据学生考勤、课堂表现等进行，见表 11-4。

表 11-4　圆柱凸轮零件形成性考核评价

小组	成员	考勤	课堂表现	汇报人	补充发言自由发言
1					
2					
3					

（2）圆柱凸轮零件工艺设计考核评价（70%）

圆柱凸轮零件工艺设计考核评价由学生自评、小组内互评、教师评价三部分组成，评价见表 11-5。

表 11-5　圆柱凸轮零件工艺设计考核评价

项目名称			配分	自评（15%）	互评（20%）	教评（65%）	得分
号	评价项目	扣分标准					
1	定位基准的选择	不合理，扣 5～10 分	10				
2	确定装夹方案	不合理，扣 5 分	5				
3	拟订工艺路线	不合理，扣 10～20 分	20				
4	确定加工余量	不合理，扣 5～10 分	10				
5	确定工序尺寸	不合理，扣 5～10 分	10				
6	确定切削用量	不合理，扣 1～5 分	5				
7	机床夹具的选择	不合理，扣 5 分	5				
8	刀具的确定	不合理，扣 5 分	5				
9	工序图的绘制	不合理，扣 5～10 分	10				
10	工艺文件内容	不合理，扣 5～15 分	15				
互评小组			指导教师			项目得分	
备注			合计				

 ## 知识拓展　圆柱凸轮编程及 VERICUT 仿真

CAM 是多轴加工的必备工具，在多轴加工中，CAM 具有无可比拟的作用。为了更好地掌握多轴加工工艺，在此，以圆柱凸轮 UG 四轴编程及 VERICUT 仿真切削为例，让大家更深刻理解多轴联动加工工艺。

1. UG 四轴编程的相关操作

（1）四轴定位加工

平面铣、型腔铣、固定轮廓铣、孔加工。

（2）四轴联动加工

可变轮廓铣、顺序铣。

（3）四轴联动加工的刀轴控制

UG 为四轴联动加工提供了丰富的刀轴控制方法，使多轴联动加工变得非常灵活。这些刀轴控制方法必须与不同的操作、不同的驱动方式配合，才能完成不同的加工任务。在选择刀轴控制方法时，必须考虑机床工作台回转中刀具与工作台、夹具、零件的干涉。减小工作台的旋转角度，并尽可能使工作台均匀缓慢旋转，对四轴联动加工是非常重要的。

1）可变轴轮廓铣中的刀轴控制方法

① 离开直线。

② 朝向直线。

③ 四轴，垂直于部件。

④ 四轴，相对于部件。

⑤四轴，垂直于驱动体。

⑥四轴，相对于驱动体。

2）顺序铣中的刀轴控制方法

①四轴投影于部件表面（驱动表面）法向。

②四轴相切于部件表面（驱动表面）。

③四轴与部件表面（驱动曲面）成一角度。

2.圆柱凸轮UG四轴编程

（1）造型

微课

凸轮建模

①创建 ϕ100mm×100mm圆柱体。

②展开圆柱面。

③绘制展开图曲线。

④缠绕曲线到圆柱表面上。

⑤生成扫掠面。

⑥增厚、减料生成凸轮槽，如图11-6所示。

图11-6 增厚、减料生成凸轮槽

（2）编程

①启动cam-general多轴铣加工模块，如图11-7所示。

微课

凸轮编程加工

图11-7 启动多轴铣加工模块

②创建刀具 ϕ28mm、ϕ29.8mm铣刀，如图11-8所示。

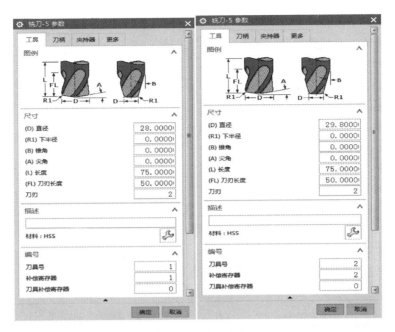

图 11-8　创建刀具

③ 设置加工坐标系。

④ 粗加工凸轮槽。

a. 在几何体视图中，创建可变轮廓铣操作，刀具为 D28，修改为粗加工凸轮槽，如图 11-9 所示。

图 11-9　创建工序

b. 指定部件：凸轮槽底面。

c. 驱动方法：曲线 / 点，选择缠绕在圆柱表面的线。

d. 投影矢量：刀轴，远离直线，指定矢量选择 *X* 轴正方向。

e. 切削参数：多刀路设置为"多重深度"，余量偏置为"10"，刀路数为"4"。

f. 非切削移动：进刀类型为"圆弧. 平行与刀轴"。

g. 进给率和速度：S480，F100。

h. 生成刀具轨迹，如图 11-10 所示。

⑤ 精加工凸轮槽。

a. 在几何体视图中，复制粗加工凸轮槽操作并粘贴修改为精加工凸轮槽。

b. 刀具选择 D29.8 铣刀。

c. 切削参数：去掉"多重深度切削"选项，部件余量偏置为"0"。

d. 进给率和速度：S360，F80。

e. 生成刀具轨迹，如图 11-11 所示。

f. 后处理。

选中所有刀路→后处理（后处理器路径 D：\UG_post\4L\4a.pui）→程序名：O3.ptp。

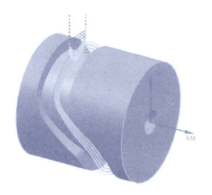

图 11-10　粗加工轨迹

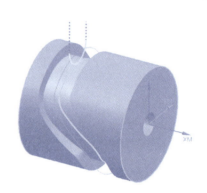

图 11-11　精加工轨迹

微课

凸轮加工仿真

3. VERICUT 仿真切削

① 新建项目，勾选"从一个模板开始"复选框，路径设为"D：\V7\4x\01\demo.vcproject"；导入毛坯和设计文件（X 方向移动 200），如图 11-12 所示。

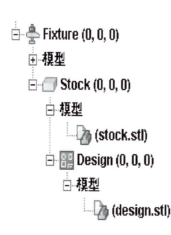

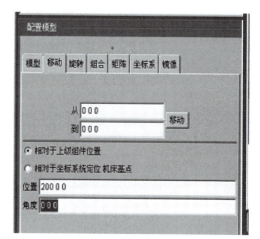

图 11-12　新建项目

②新建坐标系 Csys1，设置为（160 0 0），设置名为"工作偏置"，寄存器为"54"，如图 11-13 所示。

③设置刀具为 4a3.tls，添加数控程序 O3.ptp，仿真，比较结果，如图 11-14 所示。

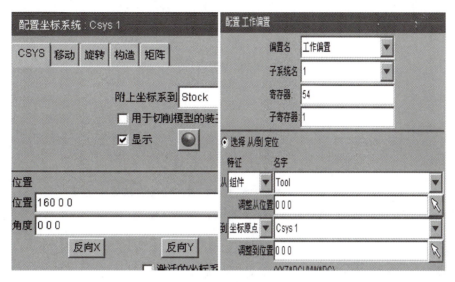

图 11-13　建立坐标系

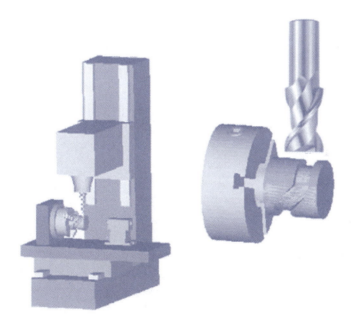

图 11-14　仿真结果

 **拓展练习**

合理编制如图 11-15 所示的叶片零件工艺方案，包括定位、装夹方案、工艺路线，选择合理的刀具和切削参数。

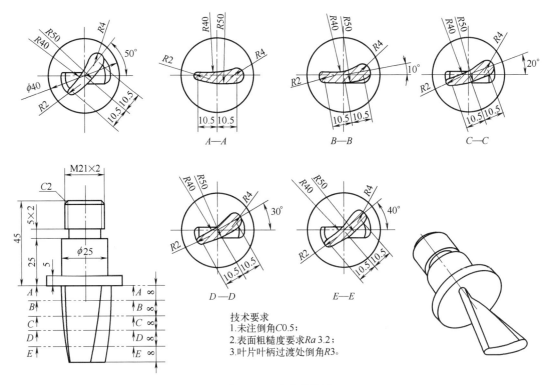

A—A

B—B

C—C

D—D

E—E

技术要求
1.未注倒角C0.5;
2.表面粗糙度要求Ra 3.2;
3.叶片叶柄过渡处倒角R3。

图 11-15 叶片零件图

学习模块 4

夹具设计

项目 **12**

开合螺母车床夹具设计

 项目概述

开合螺母是车床传动系统中的重要零件。由于该零件外形不规则，在车床上进行镗孔加工时无法使用三爪自定心卡盘进行装夹。本项目通过设计该零件的车床镗孔专用夹具，使学生掌握车床专用夹具设计的基本方法。

 教学目标

▶▶ **1. 知识目标**

① 掌握工件定位和夹紧的基本原理。

② 掌握车床夹具类型、组成及选用的方法。

③ 掌握查阅与夹具有关的标准、手册、图册等资料的方法。

▶▶ **2. 能力目标**

① 能根据零件图样要求和设备，正确设计和选用夹具。

② 能完成车床夹具设计。

③ 能通过查阅与夹具有关的标准、手册、图册等资料设计常用夹具。

▶▶ **3. 素质目标**

① 培养学生崇尚科学的精神，养成严谨务实的科学态度和独立思考的学习习惯。

② 在以实际操作过程为主的项目教学中，培养学生团队意识。

② 养成学生理论与实践相结合的工作作风，促进学生专业技术的交流与表达。

④ 培养学生运用知识进行创新设计的能力。

任务描述

学海导航

生命链条

某企业生产的 C6140 型车床上需要用到开合螺母，如图 12-1 所示。该零件用于咬合车床丝杠，带动车床拖板和刀架实现进给，完成螺纹加工。

该零件加工工艺路线中，需要在车床上进行镗孔加工，但因零件外形不规则，无法用卡盘装夹。请根据工序要求，为该零件设计一套车床专用夹具。

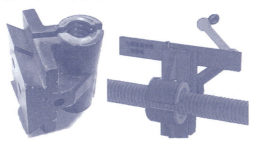

学海导航

大国工匠 - 李峰

图 12-1　开合螺母

相关知识

12.1　分析开合螺母零件车削工序

图 12-2 所示为开合螺母车削工序图。本工序为精镗 $\phi 40^{+0.027}_{0}$ mm 孔及车端面。工件的燕尾面和底部两个 $\phi 12^{+0.019}_{0}$ mm 孔已加工完成，两孔距离为（38 ± 0.1）mm，$\phi 40^{+0.027}_{0}$ mm 孔已完成粗镗。

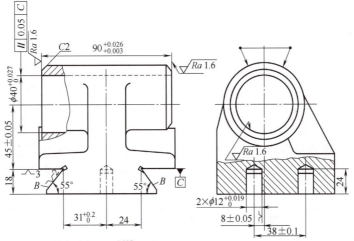

技术要求：$\phi 40^{+0.027}_{0}$mm的孔轴线对C面的平行度为0.05mm。

图 12-2　开合螺母车削工序图

本工序加工要求如下：

①$\phi 40 {}^{+0.027}_{0}$ mm 孔轴线至燕尾底面 C 的距离为（45 ± 0.05）mm。

②$\phi 40 {}^{+0.027}_{0}$ mm 孔轴线与 C 面的平行度为 0.05mm。

③$\phi 40 {}^{+0.027}_{0}$ mm 孔过圆心垂线与 $\phi 12 {}^{+0.019}_{0}$ mm 孔轴线的水平距离为（8 ± 0.05）mm。

12.2 车床夹具预备知识

在车床上用来加工工件的内外圆柱面、圆锥面、回转成形面、螺旋面及端面等的夹具称为车床夹具。车床夹具大多安装在车床主轴上，少数安装在车床床鞍或床身上（应用很少，本节不作介绍）。

12.2.1 车床夹具的主要类型

安装在车床主轴上的夹具除三爪自定心卡盘、四爪单动卡盘、花盘、前后顶尖以及拨盘与鸡心夹头的组合等通用车床夹具外（这些夹具已标准化，并可作为机床附件独立配置），通常还需设计专用车床夹具。常见的专用车床夹具有心轴类车床夹具、角铁类车床夹具、卡盘类车床夹具、花盘类车床夹具四种类型。

（1）心轴类车床夹具

心轴类车床夹具适于以工件内孔定位，加工套类、盘类等回转体零件，主要用于保证工件被加工表面（一般是外圆）与定位基准（一般是内孔）之间的同轴度。

按照与机床主轴连接方式的不同，心轴类车床夹具可分为顶尖式心轴车床夹具和锥柄式心轴车床夹具两种。前者用于加工长筒形工件；后者仅能加工短的套筒或盘状工件，且结构简单，因此经常采用。心轴的定位表面根据工件定位基准的精度和工序加工要求，可设计成圆柱面、圆锥面、可胀圆柱面以及花键等特形面。常用的有圆柱心轴和弹性心轴。

（2）角铁类车床夹具

夹具体呈角铁状的车床夹具称为角铁类车床夹具，其结构不对称，用于加工壳体、支座、杠杆、接头等零件上的回转面和端面。

（3）卡盘类车床夹具

卡盘类车床夹具一般用一个以上卡爪夹紧工件，加工的零件大多是以外圆（或内孔）及端面定位的对称零件，多采用定心夹紧机构，因此其结构基本上是对称的。

（4）花盘类车床夹具

花盘类车床夹具的基本特征是夹具体为一大圆盘形零件，装夹工件一般形状较复杂。工件的定位基准多数是圆柱面和与圆柱面垂直的端面，因而夹具对工件多数是端面定位、轴向夹紧。

车床夹具类型的选择主要考虑主定位基准的类型，以及被加工表面与定位基准之间的位置关系，见表 12-1。

开合螺母主定位基准为底部平面，该平面与被加工孔轴线平行，故选用角铁类车床夹具。

表 12-1　位置关系

夹具类型	主定位基准	被加工表面与定位基准之间的位置关系
心轴类	内孔表面	定位孔与被加工外圆同轴
角铁类	平面	定位平面与被加工表面轴线平行或呈一定角度
卡盘类	外圆表面	定位外圆与被加工表面同轴
花盘类	端面/平面	定位平面与被加工表面轴线垂直

12.2.2　车床夹具的设计特点

车床夹具的主要特点是夹具安装在车床主轴上，工作时由车床主轴带动高速回转。因此，在设计车床夹具时，除保证工件达到工序的精度要求外，还应考虑以下几点。

（1）车床夹具与机床主轴的连接

车床夹具与机床主轴的连接精度对工件加工表面的相互位置精度有决定性的影响。夹具的回转轴线与机床的回转轴线必须具有较高的同轴度。一般车床夹具在机床主轴上的安装有以下几种方式（图 12-3）。

① 夹具通过锥柄安装在车床主轴锥孔中，并用螺栓拉紧，如图 12-3（a）所示。这种连接方式定心精度较高，适用于径向尺寸 $D < 140$mm 或 $D < (2 \sim 3)d$ 的小型夹具。

② 夹具通过过渡盘与机床主轴连接，如图 12-3（b）和图 12-3（c）所示。这种连接方式适用于径向尺寸较大的夹具。

使用过渡盘可使同一夹具用于不同型号和规格的车床上，增加夹具的通用性。过渡盘与机床主轴配合处的形状结构设计取决于机床主轴的前端结构。

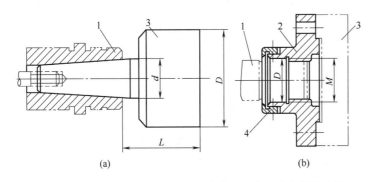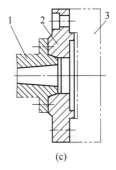

(a)　　　　　　　　　　(b)　　　　　　　　　(c)

图 12-3　车床夹具与机床主轴的连接
1—车床主轴；2—过渡盘；3—专用夹具；4—压块

图 12-3（b）所示为 C620 型车床主轴与过渡盘的连接结构。过渡盘 2 以内孔与主轴 1 前端的轴径按 H7/h6 或 H7/js6 配合定心，用螺纹紧固，使过渡盘端面与主轴前端的台阶面接触。为防止停车和倒车时因惯性作用而松脱，用两块压块 4 将过渡盘压在主轴凸缘端面上。这种安装方式的安装精度受配合精度的影响。

图 12-3（c）所示为 CA6140 型车床主轴与过渡盘的连接结构。过渡盘 2 以锥孔和端面在车床主轴 1 前端的短圆锥面和端面上定位。安装时，先将过渡盘推入主轴，使其端面与主轴端面之间有 0.05 ～ 0.1 mm 的间隙，用螺钉均匀拧紧后，产生弹性变形，使端面与锥面全部接触。这种安装方式定心准确，刚性好，但加工精度要求高。

常用车床主轴前端的结构尺寸可参阅《机床夹具设计手册》。

③ 没有过渡盘时，可将过渡盘与夹具体合成一个零件设计；也可采用通用花盘来连接夹具与主轴，但必须在夹具外圆上制一段找正圆，用来保证夹具相对主轴的径向位置。

（2）夹具找正基面的设置

为保证车床夹具的安装精度，安装时应对夹具的限位基面仔细找正。若限位基面偏离回转中心，则应在夹具体上专门制一个孔（或外圆）作为找正基面，使该基准与机床主轴同轴，同时，它也可作为夹具设计、装配和测量的基准。为保证加工精度，车床夹具的设计中心（即限位面或找正基面）与主轴回转中心的同轴度应控制在 0.01mm 之内，限位端面（或找正端面）对主轴回转中心的跳动量也不应大于 0.01mm。

（3）定位元件（装置）的设计

在车床上加工回转表面，要求工件加工面的轴线必须和车床主轴的旋转轴线重合。夹具上定位元件（装置）的结构设计与布置，必须保证工件的定位基面、加工表面和机床主轴三者的轴线重合。特别是对于支座、壳体等工件，由于其被加工回转表面与工序基准之间有尺寸或相互位置精度要求，因而应以机床夹具的回转轴线作为基准来确定夹具定位元件工作表面的位置。

（4）夹紧装置的设计要点

由于车削时工件和夹具一起随主轴做回转运动，因而在加工过程中，工件除受切削转矩的作用外，还受到离心力的作用，同时，工件定位基准的位置相对重力和切削力的方向也是变化的，所以要求夹紧机构所产生的夹紧力必须足够大，且具有良好的自锁性能，以防止工件在加工过程中松动。

对于角铁式夹具，还要注意防止夹紧变形。图 12-4（a）所示的夹紧装置，悬伸部分受力易引起变形，离心力、切削力也会加剧这种变形，可能导致工件松动。如能用图 12-4（b）所示的铰链式螺旋联动摆动压板机构，情况会好些。

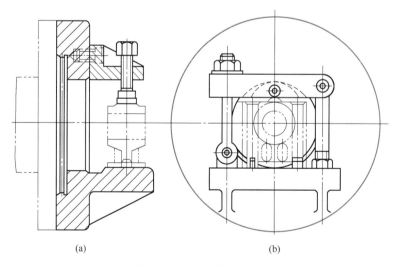

(a)　　　　　　　　　(b)

图 12-4　夹紧机构的比较

（5）夹具的平衡

角铁类、花盘类等结构不对称的车床夹具，设计时应采取平衡措施，使夹具的重心落在主轴回转轴线上，以减少主轴轴承的磨损，避免因离心力产生振动而影响加工质量和刀具寿命。平衡的方法有两种，即设置配重块和加工减重孔。配重块上应开有弧形槽或径向槽，以便调整配重块的位置。

（6）对车床夹具的总体结构要求

① 结构紧凑、悬伸短。车床夹具的悬伸长度过大，会加剧主轴轴承的磨损，同时引起振动，影响加工质量。因此，夹具的悬伸长度 L 与轮廓直径 D 之比应加以控制：直径小于 150mm 的夹具，$L/D \leqslant 2.5$；直径为 150 ～ 300mm 的夹具，$L/D \leqslant 0.9$；直径大于 300mm 的夹具，$L/D \leqslant 0.6$。

② 为确保安全，车床夹具的夹具体应设计成圆形结构。夹具上（包括工件在内）的各元件不应突出夹具体的轮廓之外，当夹具上有不规则的突出部分，或有切削液飞溅及切屑缠绕时，应设计防护罩。

③ 夹具的结构应便于工件在夹具上的安装和测量，切屑应能顺利排出或清理。

（7）车床夹具总图要求

车床夹具总图上的尺寸、公差和技术条件的标注参见《机床夹具设计手册》，车床夹具的设计要点同样适合于内、外圆磨床所用夹具。

12.3　确定开合螺母工件定位方案

微课

车床专用夹具

（1）加工要求

加工要求见 12.1 节。

（2）根据加工要求确定工件所需限制的自由度

为保证 $\phi 40^{+0.027}_{0}$ mm 孔轴线至燕尾底面 C 的距离为（45 ± 0.05）mm，需限制工件的 $\vec{z}$ 自由度。

为保证 $\phi 40^{+0.027}_{0}$ mm 孔轴线与 C 面平行，需限制工件的 $\hat{x}$ 自由度。

为保证 $\phi 40^{+0.027}_{0}$ mm 孔过圆心垂线与 $\phi 12^{+0.019}_{0}$ mm 孔轴线的距离为（8 ± 0.05）mm，需限制工件的 $\hat{x}$ 自由度。

为保证 $\phi 40^{+0.027}_{0}$ mm 孔精镗轴线与前工序粗镗轴线重合，需限制工件的 $\vec{x}$、$\vec{z}$、$\hat{x}$、$\hat{z}$ 自由度。当不以 $\phi 40$mm 孔轴线为定位基准时，还需要限制 $\hat{y}$。

因此，本工序加工时至少应限制工件的 $\vec{x}$、$\vec{z}$、$\hat{x}$、$\hat{y}$、$\hat{z}$ 自由度才能保证加工要求。

（3）选择定位基准、确定工件定位面上的支承点分布

当前工序加工时至少需要限制工件的 5 个自由度，必然采用多基准组合定位。

当前工序工件的燕尾面及两个 $\phi 12$mm 孔为已加工表面，可作为精基准使用。定位基准的选择应尽可能遵循基准重合原则。

故以底面 C 作为主要定位面，设置 3 个支承点，限制工件的 $\vec{z}$、$\hat{x}$、$\hat{y}$ 自由度；以燕尾槽一侧斜面 B 作为次要定位面，设置 2 个支承点，限制工件的 $\vec{y}$、$\hat{z}$ 自由度；以底面 $\phi 12$mm 孔为第三定位面，设置 1 个支承点，限制工件的 $\vec{x}$ 自由度。

（4）选择定位元件

按照定位基准面的类型，分别选择与之匹配的定位元件，并最终满足工件加工所需要的自由度限制要求。

选择两块等高支承板接触工件两侧燕尾面 B、C，限制 5 个自由度。为便于装卸工件、避免过定位，将一侧支承板设计为在 y 向可以平动；选择菱形销接触工件底部 $\phi 12^{+0.019}_{0}$ mm

孔内 x 向孔壁，限制工件 x 向平动自由度。为便于装卸工件，可将菱形销设计为 z 向可以平动。最终实现了完全定位。

开合螺母镗孔加工中确定定位元件如下。

① 一块固定支板，用于接触零件底部燕尾面 B、C。为保证能够同时接触 B、C 面，该支板侧面为楔形。可根据《机床夹具零件及部件　支板》（JB/T 8030—1999）选用或在此基础上加工。

② 一块活动支板，用于接触零件底部另一侧底面 C，活动方向为平行于 C 面远离工件运动，为方便拆装工件，可设计为弹簧伸缩。

③ 一根活动菱形销，用于插入工件底部 ϕ12mm 孔，活动方向为沿孔轴线退出的方向（弹簧伸缩销 / 螺旋柱塞），可直接选型购买，如图 12-5 所示。

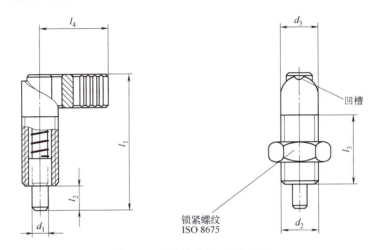

图 12-5　弹簧伸缩销 / 螺旋柱塞

当定位元件为非标零部件，需要设计加工时，其限位基准精度应满足零件的定位精度要求，并考虑加工经济性，非重要尺寸精度不宜过高，外形尺寸应尽量紧凑。

定位元件工作示意图如图 12-6 所示。

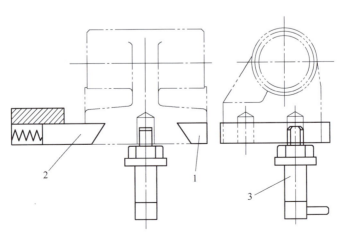

图 12-6　定位元件工作示意图
1—固定支板（楔面）; 2—活动支板（楔面）; 3—弹簧伸缩销

12.4　确定开合螺母工件夹紧方案

12.4.1　夹紧力方向

确定夹紧力方向时，应将其与工件定位基准的位置及所受外力的作用方向等结合起来考虑。其确定原则如下。

（1）夹紧力的作用方向应垂直于主要定位基准面

夹紧力方向对镗孔垂直度的影响如图 12-7 所示。如图 12-7（a）所示的直角支座以 A、B 面定位镗孔，要求保证孔中心线垂直于 A 面。为此应选择 A 面作为主要定位基准，夹紧力 Q 的方向垂直于 A 面。这样无论 A 面与 B 面有多大的垂直度误差，都能保证孔中心线与 A 面垂直。否则，如图 12-7（b）所示的夹紧力方向垂直于 B 面，则因 A、B 面之间有垂直度误差（$\alpha > 90°$ 或 $\alpha < 90°$），使镗出的孔不垂直于 A 面而可能使工件报废。

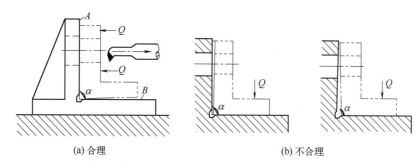

(a) 合理　　　　　　　　(b) 不合理

图 12-7　夹紧力方向对镗孔垂直度的影响

（2）夹紧力的作用方向应使所需夹紧力最小

夹紧力的作用方向应使所需夹紧力最小，这样可使机构轻便、紧凑，工件变形小，对于手动夹紧，可减轻工人的劳动强度，提高生产效率。因此，应使夹紧力 Q 的方向最好与切削力 F、工件的重力 G 的方向重合，这时所需要的夹紧力为最小。图 12-8 所示为 F、G、Q 三力方向关系的几种情况。显然，图 12-8（a）最合理，图 12-8（f）最不合理。

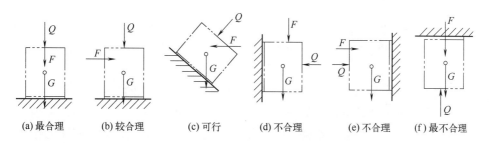

(a) 最合理　　(b) 较合理　　(c) 可行　　(d) 不合理　　(e) 不合理　　(f) 最不合理

图 12-8　三个力方向的关系

（3）夹紧力的作用方向应使工件变形最小

由于工件不同方向上的刚度是不一致的，不同的受力表面也因其接触面积不同而变形各异，尤其是在夹紧薄壁工件时更需注意。如图 12-9 所示的套筒，用三爪自定心卡盘夹紧外圆显然要比用特制螺母从轴向夹紧工件的变形大得多。

开合螺母镗孔加工中要满足以下几点要求：

① 主定位基准为零件底部 C 面，加工要求是 $\phi40^{+0.027}_{0}$ mm 孔轴线与 C 面的平行度为 0.05mm，为保证定位牢固，定位面与定位元件紧密贴合，夹紧力应指向 C 面。

② 在车床夹具上，重力和切削力相对于夹具的方向是随着夹具的旋转而不断变化的，但工件的离心力始终指向零件底部 C 面，起到辅助夹紧工件的作用。夹紧力指向 C 面时最小。

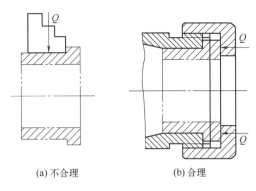

(a) 不合理   (b) 合理

图 12-9   夹紧力方向与工件的刚性关系

③ 该零件不存在悬伸或薄壁结构，夹紧力指向 C 面时不会造成零件变形。

综上所述，本次开合螺母镗孔加工中，夹紧力应由上至下指向零件底部 C 面，如图 12-10 所示。

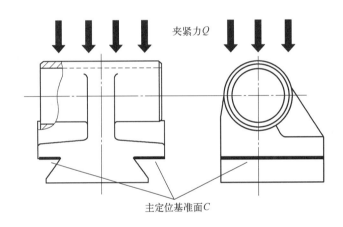

图 12-10   夹紧力方向

12.4.2 夹紧力作用点

选择作用点是指在夹紧方向已定的情况下，确定夹紧力作用点的位置和数目。由于夹紧力作用点的位置和数目直接影响工件定位后的可靠性和夹紧后的变形，应依据以下原则选择。

（1）夹紧力作用点应落在支承元件上或几个支承元件所形成的支承面内

夹紧力作用点在支承面内的位置如图 12-11 所示。如图 12-11（a）所示，夹紧力作用在支承面范围之外，会使工件倾斜或移动，不合理。如图 12-11（b）所示，夹紧力作用在支承面范围之内则是合理的。

（2）夹紧力作用点应落在工件刚性好的部位上

如图 12-12 所示，将作用在壳体中部的单点改成在工件外缘处的两点夹紧，工件的变形大为改善，且夹紧也更可靠。该原则对刚性差的工件尤其重要。

（3）夹紧力作用点应尽可能靠近被加工表面，以减小切削力对工件造成的翻转力矩

工件刚性差的部位在必要时应增加辅助支承并施加夹紧力，以免振动和变形。如

图 12-13 所示，支承 a 尽量靠近被加工表面，同时给予夹紧力 Q_2。这样，翻转力矩小，又增加了工件的刚性 R，既保证了定位夹紧的可靠性，又减小了振动和变形。

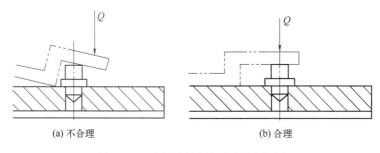

(a) 不合理　　　　　　　　　　(b) 合理

图 12-11　夹紧力作用点应在支承面内

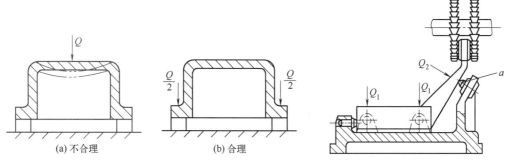

(a) 不合理　　　　(b) 合理

图 12-12　夹紧力作用点应在刚性较好部位　　　图 12-13　夹紧力作用点应靠近加工表面

开合螺母镗孔加工中要满足以下几点要求：

① 夹紧力作用点应落在固定支板与活动支板所形成的支承区域内，该区域内能够实施夹紧的表面仅有零件顶部的外圆柱表面一处。

② 如采用压板通过线接触压紧顶部外圆，夹紧力会不稳定，且容易造成顶部变形。此时可选用 V 形压板，使夹紧力与支持力从三个方向指向圆心，减少零件变形。

③ 夹紧力作用点应正对零件顶部有加强筋的位置，此处零件刚性最好。

综上所述，为保证夹紧牢固且避免变形，选用 V 形压板由上至下，正对加强筋压紧零件顶部外圆表面，如图 12-14 所示。

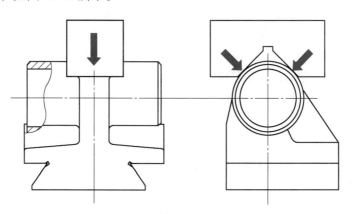

图 12-14　压紧图

12.4.3 夹紧力大小

夹紧力的大小主要影响工件定位的可靠性、工件夹紧变形以及夹紧装置的结构尺寸和复杂性。夹紧力大小要适当，过大了会使工件变形，过小了则在加工时工件会松动，造成报废甚至发生事故。

（1）夹紧力大小的确定方法

在实际设计中确定夹紧力大小的方法有两种：经验类比法和分析计算法。

经验类比法如手动夹紧时，可凭人力来控制夹紧力的大小，一般不需要计算出所需夹紧力的确切数值，只是必要时进行概略的估算。

采用分析计算法，一般将夹具和工件看作一刚性系统，以简化计算。根据工件在切削力、夹紧力（重型工件要考虑重力，高速时要考虑惯性力）作用下处于静力平衡，列出静力平衡方程式，即可计算出理论夹紧力 Q'，再乘以安全系数 K，作为所需的实际夹紧力 Q。

K 的取值范围一般为 $1.5 \sim 3$，粗加工时为 $2.5 \sim 3$，精加工时为 $1.5 \sim 2$。

（2）夹紧力的计算

夹紧力的计算可根据图 12-8 中的几种情况来进行。现分析其中的三种情况。

1）切削力完全作用在支承上

夹紧力的情况如图 12-8（a）所示，这时可不增加夹紧力或增加少量的夹紧力，如在拉削套筒、盘类零件的孔时就可不增加夹紧力。

2）切削力与夹紧力的方向垂直

夹紧力的情况如图 12-8（b）所示，切削力 F 的计算公式为

$$F=Q\left(f_1+f_2\right)+Gf_1 \tag{12-1}$$

式中　f_1——工件已加工定位面与定位元件之间的摩擦因数，一般取 $0.10 \sim 0.15$；

　　　f_2——夹紧元件与工件夹紧表面之间的摩擦因数，一般取 $0.2 \sim 0.25$。

不计工件重力，并考虑安全系数，则由式（12-1）变形可得夹紧力为

$$Q=\frac{KF}{f_1+f_2} \tag{12-2}$$

3）切削力与夹紧力的方向相反

夹紧力的情况如图 12-8（f）所示，此时需要夹紧力最大，为

$$Q=KF+G \tag{12-3}$$

开合螺母镗孔加工中，以车削 $\phi 40\text{mm}$ 孔端面为例计算切削力。

由于车削时工件和夹具一起随主轴做旋转运动，故在加工过程中，工件除受切削力的作用外，还受到重力和离心力的作用。重力相对于定位基准的方向在旋转过程中不断变换，而离心力始终指向定位基准，一定程度上起到了抵消重力、辅助夹紧的作用。此处主要考虑切削力 F 对工件的影响，取 $Q=KF$。

切削力为

$$F=\sqrt{F_c^{\ 2}+F_p^{\ 2}+F_f^{\ 2}}$$

车床夹具设计时，主要根据主切削力 F_c 计算所需夹紧力。

主切削力为

$$F_c=C_{F_c}a_p^{\ xF_c}f^{\ yF_c}v^{\ nF_c}K_{F_c}$$

查询《机床夹具设计手册》表 1-2-3，可根据工件材料、刀具材料、加工方式查得计算式。此处毛坯材料为灰铸铁，刀具材料为硬质合金，加工方式为纵 / 横向车削或镗孔，可查得

$$F_c = 900 a_p f^{0.85} K_p \tag{12-4}$$

$$K_p = K_m K_\Phi K_\gamma K_\lambda K_r$$

式中　K_p——修正系数。

查询《机床夹具设计手册》表 1-2-8，可知：

① 当工件材料为灰铸铁，刀具为硬质合金时，工件材料修正系数 K_m=HBW/130。

② 当硬质合金刀具主偏角为 90° 时，刀具主偏角修正系数 K_Φ=0.8。

③ 当硬质合金刀具前角为 10° 时，刀具前角修正系数 K_γ=1.0。

④ 计算 F_c 时，K_λ=1。

⑤ 硬质合金刀具不需要计算刀尖圆弧修正系数，取 K_r=1。

代入工艺文件中该工序的切削参数 a_p、f，以及图纸规定的材料硬度（HBW），即可计算出本次加工的主切削力 F_c。

12.4.4　夹紧机构设计

（1）斜楔夹紧机构设计

斜楔夹紧机构主要用于增大夹紧力或改变夹紧力方向，如图 12-15 所示。其中，图 12-15（a）所示为手动式斜楔夹紧机构，图 12-15（b）所示为机动式斜楔夹紧机构。

在图 12-15（b）中，斜楔 2 在气动（或液动）作用下向前推进，装在斜楔 2 上方的柱塞 3 在弹簧的作用下推动压板 6 向前。当压板 6 与螺杆 5 靠近时，斜楔 2 继续前进，此时柱塞 3 压缩弹簧 7 而压板 6 停止不动。当斜楔 2 再向前前进时，压板 6 后端抬起，前端将工件压紧。斜楔 2 只能在楔座 1 的槽内滑动。当斜楔 2 向后退时，弹簧 7 将压板 6 抬起，斜楔 2 上的销子 4 将压板 6 拉回。

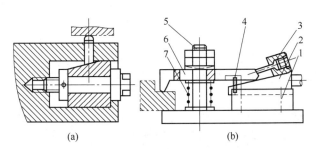

图 12-15　斜楔夹紧机构
1—楔座；2—斜楔；3—柱塞；4—销子；5—螺杆；6—压板；7—弹簧

（2）螺旋夹紧机构设计

螺旋夹紧机构是从斜楔夹紧机构转化而来的，相当于将斜楔斜面绕在圆柱体上，转动螺旋时即可夹紧工件。图 12-16 所示为手动单螺旋夹紧机构，转动手柄，使压紧螺钉 1 向下移动，通过浮动压块 5 将工件 6 夹紧。浮动压块既可增大夹紧接触面积，又能防止压紧螺钉旋转时带动工件偏转而破坏定位面和损伤工件表面。

螺旋夹紧机构的主要元件（如螺钉、压块等）已经标准化，设计时可参考《机床夹具设计手册》。

（3）偏心夹紧机构设计

偏心夹紧机构是靠偏心轮回转时其半径逐渐增大而产生夹紧力来夹紧工件的，偏心夹紧机构常与压板联合使用，如图 12-17 所示。常用的偏心轮有曲线偏心和圆偏心。曲线为阿基米德曲线或对数曲线，这两种曲线的优点是升角变化均匀或不变，可使工件夹紧稳定可靠，但制造困难；圆偏心外形为圆，制造方便，应用广泛。

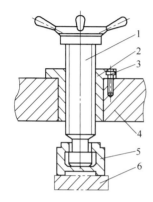

图 12-16　手动单螺旋夹紧机构
1—压紧螺钉；2—螺纹衬套；3—止动螺钉；
4—夹具体；5—浮动压块；6—工件

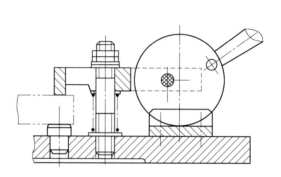

图 12-17　偏心夹紧机构

（4）联动夹紧机构设计

在夹紧机构设计中，有时需要对一个工件上的几个点或对多个工件同时进行夹紧。一次夹紧动作能使几个点同时夹紧工件的机构称为联动夹紧机构或多位夹紧机构。联动夹紧机构既可对一个工件实现多点夹紧，也可用于多件夹紧。

（5）定心夹紧机构设计

定心夹紧机构是一种同时实现对工件定心定位和夹紧的夹紧机构。工件在夹紧过程中，利用定位夹紧元件的等速移动或均匀弹性变形，来消除定位副制造不准确或定位尺寸偏差对定心或对中的影响，使这些误差或偏差能均匀而对称地分配在工件的定位基准上。定心夹紧机构按工作原理可分为以下两大类。

① 以等速移动原理工作的定心夹紧机构。图 12-18 所示为螺旋定心夹紧机构，螺杆 4 两端的螺纹旋向相反，螺距相同。当其旋转时，通过左右螺旋带动两 V 形钳口 1、2 同时移向中心，从而

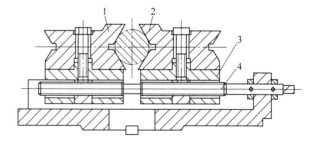

图 12-18　螺旋定心夹紧机构
1,2—V 形钳口；3—滑块；4—螺杆

对工件起定位夹紧作用。这类定心夹紧机构的特点是制造方便，夹紧力和夹紧行程较大，但由于制造误差和组成元件之间的间隙较大，故定心精度不高，常用于粗加工和半精加工中。

② 以均匀弹性变形原理工作的定心夹紧机构。当定心精度要求较高时，一般都利用这类定心夹紧机构，主要有弹簧夹头定心夹紧机构、弹性薄膜卡盘定心夹紧机构、液性塑料定

心夹紧机构、碟形弹簧定心夹紧机构等。图 12-19 所示为液性塑料定心夹紧机构，工件以内孔作为定位基准，装在薄壁套筒 2 上。起直接夹紧作用的薄壁套筒 2 则压配在夹具体 1 上，在所构成的环槽中注满了液性塑料 3。当螺钉 5 通过柱塞 4 向腔内加压时，液性塑料 3 便向各个方向传递压力，在压力作用下薄壁套筒 2 产生径向均匀的弹性变形，从而将工件定心夹紧。

（6）铰链夹紧机构设计

图 12-20 所示为铰链夹紧机构。铰链夹紧机构的优点是动作迅速，增力比大，易于改变力的作用方向；缺点是自锁性能差，一般常用于液动、气动夹紧中。

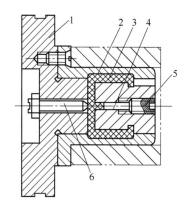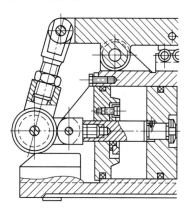

图 12-19　液性塑料定心夹紧机构
1—夹具体；2—薄壁套筒；3—液性塑料；4—柱塞；
5—螺钉；6—限位螺钉

图 12-20　铰链夹紧机构

图 12-21 所示为铰链夹紧机构的 5 种基本类型，即单臂铰链夹紧机构（Ⅰ型）、双臂单向作用的铰链夹紧机构（Ⅱ型）、双臂单向作用带移动柱塞的铰链夹紧机构（Ⅲ型）、双臂双向作用的铰链夹紧机构（Ⅳ型）、双臂双向作用带移动柱塞的铰链夹紧机构（Ⅴ型）。

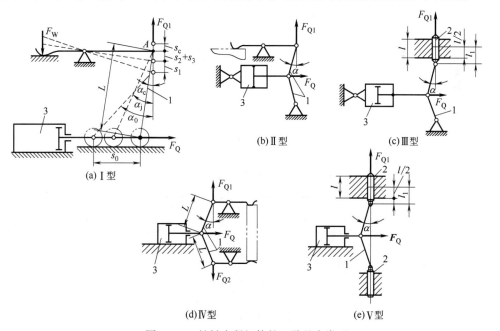

图 12-21　铰链夹紧机构的 5 种基本类型
1—铰链臂；2—柱塞；3—气缸

开合螺母镗孔加工中，因采用角铁类车床夹具，需注意以下几点。

① 为避免角铁悬伸部分变形，夹紧装置应连接在悬伸部分上，使夹紧机构本身承担夹紧力造成的变形，而不会导致悬伸部分相对于夹具体变形，如图 12-4 所示。

② 夹具本身需随主轴旋转，管线安装困难，因此不单独设计液、电、气类力源装置，一般采用手动夹紧。

③ 加工过程中受力情况复杂，伴随高速旋转与加工振动，要求其夹紧力大、自锁性能好。

故本次夹具夹紧机构采用手动夹紧机构，夹紧方式选用自锁性能最好的螺旋夹紧。为了在保证夹紧效果的前提下降低手动夹紧的劳动强度，选择铰链杠杆机构作为递力扩力装置（图 12-22 ）。

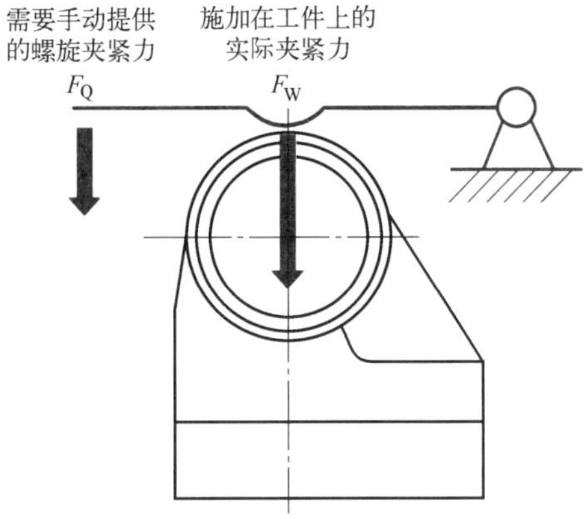

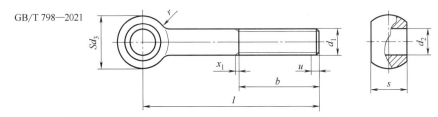

图 12-22　单臂铰链杠杆机构

图 12-22 中右侧固定铰链和左侧提供拉紧力的螺栓均应连接在角铁悬伸面中。为便于拆装工件，螺杆应可以摆动，均可按《活节螺栓》（ GB/T 798—2021 ）选用活节螺栓（图 12-23 ）。

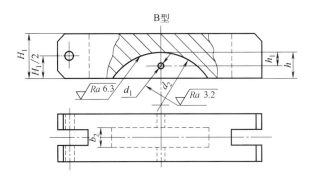

x_1 符合 GB/T 3 的规定。
不完整螺纹的长度 $u \leqslant 2P$。
无螺纹部分杆径约等于螺纹中径或螺纹大径。

图 12-23　活节螺栓

铰链压板根据《机床夹具零件及部件　铰链压板》（ JB/T 8010.14—1999 ）进行选型，如图 12-24 所示。

图 12-24　铰链压板

单臂铰链夹紧机构为避免夹紧面的制造尺寸公差造成夹紧接触不良，夹紧元件应选用摆动压块。结合夹紧面的外形特点，根据《机床夹具零件及部件　弧形压块》（JB/T 8009.4—1999）选用弧形压块，如图 12-25 所示。摆动 V 形块按照《机床夹具零件及部件　活动 V 形块》（JB/T 8018.4—1999）的要求进行再加工，如图 12-26 所示。

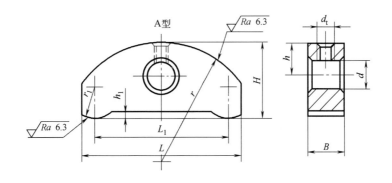

图 12-25　摆动压块

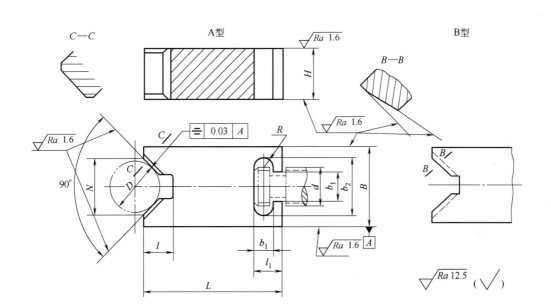

图 12-26　活动 V 形块

将以上元件和角铁连接在一起，最终得到夹具夹紧机构，如图 12-27 所示。

夹紧机构和夹紧元件设计选型结束后，应进行夹紧力校核。

当前夹紧机构为铰链杠杆压板，采用单螺纹夹紧，铰链杠杆扩力。单螺纹夹紧力可查询《机床夹具设计手册》表 1-2-24，以 M12 螺纹为例，采用六角扳手拧紧单个螺纹可提供螺旋夹紧力 $F_Q = 5380N$，铰链杠杆扩力为 $F_Q L_1 = F_W L_2$，如图 12-28 所示。

当夹具提供的夹紧力 F_W 大于加工所需的夹紧力 Q 时，该夹具夹紧有效。

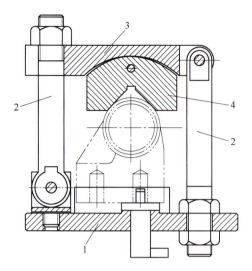

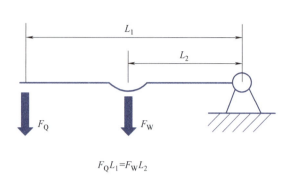

$$F_Q L_1 = F_W L_2$$

图 12-27　夹具夹紧机构　　　　　　图 12-28　铰链杠杆扩力计算

1—角铁；2—活节螺栓；3—铰链压板；4—摆动 V 形块

 任务实施

任务实施 1　设计车床夹具结构

车床夹具体应设计为圆盘形，直径应能够包容夹具上所有机构和零件的外形，但不应超过车床最大加工直径，根据定位机构、夹紧机构和零件外形尺寸，可确定夹具体直径为 $\phi300mm$。

角铁悬伸长度应满足零件加工和装夹的要求，并与夹具体直径成一定比例，直径大于 300mm 的夹具，$L/D \leqslant 0.6$，可确定角铁悬伸长度为 175mm。

角铁与夹具体的位置关系应使工件装夹后的被加工表面轴线与夹具回转轴线重合。

角铁与夹具体可以是一体铸造加工成型（相互位置精度高），也可以是分体式装配成型（夹具制造方便）。

由 12.2.2 节可知，直径 $\phi300mm$ 的夹具应通过过渡盘与机床主轴连接。

由 12.2.2 节可知，夹具体上还应专门制作一个与机床主轴同轴的孔作为找正基面。

 由 12.2.2 节可知，角铁类夹具应设置配重块，配重块上应开有弧形槽或径向槽，以便调整配重块的位置

确定的夹具体结构及连接方式如图 12-29 所示，夹具总装图如图 12-30 所示，夹具三维立体图如图 12-31 所示。

图 12-31 中，本工序加工支座类零件上的内孔回转面和端面，夹具体选择角铁类夹具 5，通过过渡盘 4 与车床轴颈连接。

定位元件选用了固定支板 8、活动支板 10、活动菱形销 9。

考虑到零件加工过程中离心力较大，且相对于定位基准，切削力和重力的方向一直在变化，夹紧机构选择铰链式螺旋联动摆动压板机构 1、2，由上至下通过摆动 V 形块 3 接触零件顶部半圆柱表面，正对支板 8、10 实施夹紧。

装卸工件时，推开活动支板 10 将工件插入，靠弹簧力使工件紧靠固定支板 8，并略推移工件使活动菱形销 9 弹入工件底部定位孔内。

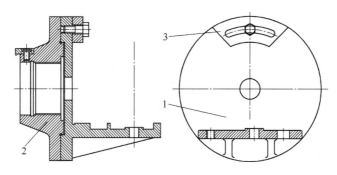

图 12-29 夹具体结构及连接方式
1—夹具体（含角铁）；2—过渡盘；3—配重块

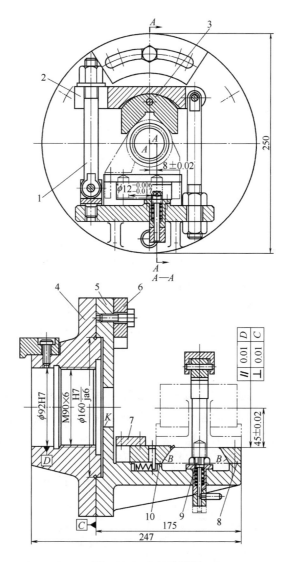

图 12-30 夹具总装图
1—螺栓；2—压板；3—摆动 V 形块；4—过渡盘；5—夹具体；6—平衡块；7—盖板；8—固定支板；
9—活动菱形销；10—活动支板

图 12-31　夹具三维立体图

任务实施2　夹具精度校核

工件在车床夹具上加工时,加工误差的大小受工件在夹具上的定位误差 Δ_D、夹具误差 Δ_J、夹具在主轴上的安装误差 Δ_A 和加工方法误差 Δ_G 的影响。

下面以尺寸(45±0.05)mm 为例进行精度校核。

(1)定位误差 Δ_D

一批工件逐个在夹具上定位时,由于工件及定位元件存在公差,使各个工件所占据的位置不完全一致,加工后形成加工尺寸的不一致,称为加工误差。这种只与工件定位有关的加工误差,称为定位误差 Δ_D。

造成定位误差的原因有两个:

一是定位基准与工序基准不重合,由此产生基准不重合误差 Δ_B。基准不重合误差 Δ_B 是一批工件逐个在夹具上定位时,定位基准与工序基准不重合而造成的加工误差,其大小为定位尺寸的公差 δ_S 在加工尺寸方向上的投影。

二是定位基准与限位基准不重合,由此产生基准位移误差 Δ_Y。基准位移误差 Δ_Y 是一批工件逐个在夹具上定位时,定位基准相对于限位基准的最大变化范围 δ_i 在加工尺寸方向上的投影。

定位误差 Δ_D 常用合成法进行计算。

由于定位基准与工序基准不重合以及定位基准与限位基准不重合是造成定位误差的原因,因此,定位误差应是基准不重合误差 Δ_B 与基准位移误差 Δ_Y 的合成。计算时,可先计算出 Δ_B 和 Δ_Y,然后将两者合成而得 Δ_D。

由于 C 面既是工序基准,又是定位基准,基准不重合误差 Δ_B 为零。

工件在夹具上定位时,定位基准与限位基准(支板 8、10平面)是重合的,基准位移误差 Δ_Y 也为零。

因此,尺寸(45±0.05)mm 的定位误差 Δ_D=0。

(2)夹具误差 Δ_J

因夹具上定位元件、对刀或导向元件及安装基准之间的尺寸或位置不精确而造成的加工误差,称为夹具误差 Δ_J。

夹具误差 Δ_J 主要包含定位元件相对于安装基准的尺寸或位置误差 Δ_{J_1};定位元件相对于

对刀或导向元件（包括导向元件之间）的尺寸或位置误差 Δ_{J_2}；导向元件相对于安装基准的尺寸或位置误差 Δ_{J_3}。以上几项共同组成夹具误差 Δ_J。

本项目夹具主要计算 Δ_{J_1}。Δ_{J_1} 为限位基面（支板 8、10 的平面）与止口轴线之间的距离误差，即夹具总装图上尺寸（ 45 ± 0.02 ）mm，其公差为 0.04mm，限位基面相对于安装基面 D、C 的平行度和垂直度公差为 0.01mm（两者公差兼容）。

$$\Delta_J = \sqrt{0.04^2 + 0.01^2} = 0.0412 \text{（mm）}$$

（3）夹具的安装误差 Δ_A

因夹具在机床上的安装不精确而造成的加工误差称为夹具的安装误差 Δ_A。产生夹具安装误差的因素如下。

① 夹具定位元件对夹具体安装基面的相互位置误差。

② 夹具安装基面本身的制造误差及其与机床卡面之间的间隙所产生的连接误差。

$$\Delta_A = X_{1\max} + X_{2\max} \tag{12-5}$$

式中　$X_{1\max}$——过渡盘与主轴之间的最大配合间隙；

　　　$X_{2\max}$——过渡盘与夹具体之间的最大配合间隙。

假设过渡盘与车床主轴之间的配合尺寸为 $\phi92H7/js6$ mm，查《产品几何技术规范（GPS）线性尺寸公差 ISO 代号体系　第 1 部分：公差、偏差和配合的基础》（GB/T 1800.1—2020）中的标准公差表与基本偏差表：$\phi92H7$ mm 为 $\phi92^{+0.035}_{0}$ mm，$\phi92js6$ mm 为 $\phi92^{+0.011}_{-0.011}$ mm，因此

$$X_{1\max} = 0.035 + 0.011 = 0.046 \text{（mm）}$$

假设过渡盘与夹具体之间的配合尺寸为 $\phi160H7/js6$ mm，查《产品几何技术规范（GPS）线性尺寸公差 ISO 代号体系　第 1 部分：公差、偏差和配合的基础》（GB/T 1800.1—2020）中的标准公差表与基本偏差表：$\phi160H7$ mm 为 $\phi160^{+0.040}_{0}$ mm，$\phi160js6$ mm 为 $\phi160^{+0.0125}_{-0.0125}$ mm，因此

$$X_{2\max} = 0.040 + 0.0125 = 0.0525 \text{（mm）}$$

故

$$\Delta_A = \sqrt{0.046^2 + 0.0525^2} = 0.0698 \text{（mm）}$$

（4）加工方法误差 Δ_G

因机床精度、刀具精度、刀具与机床的位置精度、工艺系统的受力变形和受热变形等因素造成的加工误差，统称为加工方法误差 Δ_G。

车床夹具的加工方法误差包括车床主轴上安装夹具基准（圆柱面轴线、圆锥面轴线或圆锥孔轴线）与主轴回转轴线之间的误差、主轴的径向圆跳动、车床溜板进给方向与主轴轴线的平行度或垂直度等。它的大小取决于机床的制造精度、夹具的悬伸长度和离心力的大小等因素。一般取

$$\Delta_G = \delta_K/3 = 0.1/3 = 0.033 \text{（mm）}$$

（5）总加工误差 $\sum\Delta$

工件在夹具中加工时，总加工误差 $\sum\Delta$ 为上述各项误差之和。由于上述误差均为独立随机变量，应用概率法叠加，因此保证工件加工精度的条件是

$$\sum\Delta = \sqrt{\Delta_J^2 + \Delta_D^2 + \Delta_A^2 + \Delta_G^2} \leqslant \delta_K \tag{12-6}$$

即工件的总加工误差 $\sum\Delta$ 应不大于工件的加工尺寸公差 δ_K。

为保证夹具有一定的使用寿命，防止夹具因磨损而过早损废，在分析计算工件加工精度时，需留出一定的精度储备量 J_C，因此将上式改写为

$$J_C = \delta_K - \sum\Delta \geqslant 0 \tag{12-7}$$

当 $J_C \geqslant 0$ 时，夹具能满足工件的加工要求。J_C 值的大小还表示了夹具使用寿命的长短和夹具总图上各项公差值确定得是否合理。

夹具的总加工误差为

$$\sum\Delta = \sqrt{\Delta_D^2 + \Delta_J^2 + \Delta_A^2 + \Delta_G^2}$$

$$= \sqrt{0 + 0.0412^2 + 0.0698^2 + 0.033^2}$$

$$= 0.088\,(\text{mm})$$

精度储备

$$J_C = 0.1 - 0.088 = 0.012\,(\text{mm})$$

 ## 考核评价小结

（1）开合螺母车床夹具形成性考核评价（30%）

开合螺母车床夹具形成性考核评价由教师根据学生考勤、课堂表现等进行，评价见表 12-2。

表 12-2　开合螺母车床夹具形成性考核评价

小组	成员	考勤	课堂表现	汇报人	补充发言 自由发言
1					
2					
3					

（2）开合螺母车床夹具工艺设计考核评价（70%）

开合螺母车床夹具工艺设计考核评价由学生自评、小组内互评、教师评价三部分组成，评价见表 12-3。

表 12-3　开合螺母车床夹具工艺设计考核评价

小组	项目名称		配分	自评（15%）	互评（20%）	教评（65%）	得分
	评价项目	扣分标准					
1	整体构思	不合理，扣 5～10 分	10				
2	技术方法和工艺路线是否合理、经济	不合理，扣 10～20 分	20				
3	零件的定位和夹紧方案	不合理，各扣 10～20 分	20				
3	绘制夹具装配图	不合理，扣 10～25 分	25				
4	绘制夹具零件图	不合理，扣 8～15 分	15				
5	设计创新点	创新不足，扣 5～10 分	10				
互评小组			指导教师			项目得分	
备注			合计				

拓展练习

　　隔套零件如图 12-32 所示，其中，图 12-32（a）所示零件图，材料为 45 钢，中批生产，已完成隔套的右端面与内孔车削工序，现需完成车削隔套外圆及右端面的工序，工序图见图 12-32（b），采用 CA6140 型车床。现制定车削专用夹具方案，具体要求：

　　① 进行工序分析；
　　② 设计定位方案；
　　③ 设计夹紧方案；
　　④ 设计夹具与车床连接装置；
　　⑤ 分析夹具精度；
　　⑥ 绘制车床夹具的装配图与零件图。

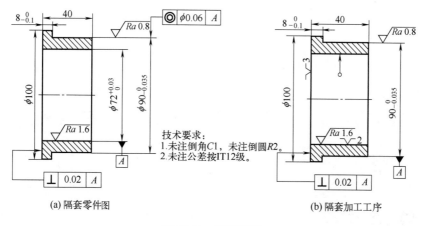

(a) 隔套零件图　　　　　　　(b) 隔套加工工序

图 12-32　隔套零件

项目 **13**

套筒钻床夹具设计

 项目概述

　　机器中套筒类零件的应用非常广泛，主要起支撑和导向作用。由于其功用不同，套筒类零件的结构和尺寸有着很大的差别，但其结构上仍有共同点，零件长度一般大于直径，零件壁的厚度较薄且易变形。零件的主要表面为同轴度要求较高的内外圆表面，如图 13-1 所示。

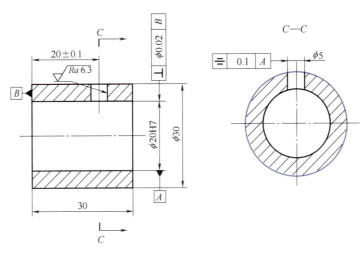

图 13-1　套筒

 教学目标

 ▶▶ **1. 知识目标**

① 熟悉套筒类零件的加工路线。

② 熟悉套筒的工艺分析。

③ 熟悉套筒加工工艺路线的拟订。

④ 掌握套筒加工刀具、夹具的选择。

▶▶ **2. 能力目标**

① 能正确设计套筒类零件的加工工艺卡。

② 能正确选择合适的套筒定位基准。

③ 能正确选择合适的套筒加工刀具。

▶▶ **3. 素质目标**

① 树立团队协作意识。

② 培养学生精益求精的工匠精神。

③ 培养学生一丝不苟的工作作风。

 任务描述

　　某企业产品中的套筒零件如图 13-1 所示，材料为 45 钢，年产 600 件。本工序需在钢套上钻直径 $\phi 5mm$ 孔，应满足如下加工要求：$\phi 5mm$ 孔轴线到端面的距离为（20 ± 0.1）mm，$\phi 5mm$ 孔对 $\phi 20H7mm$ 孔的对称度为 0.1mm。完成夹具设计。

 相关知识

学海导航

大国工匠 - 郑志明

微课

钻床专用夹具（1）

13.1 分析套筒零件钻削工艺

　　从套筒零件图 13-1 上可以看出，应满足 $\phi 5mm$ 的孔轴线到端面距离为（20 ± 0.1）mm，$\phi 5mm$ 孔对 $\phi 20H7mm$ 孔的对称度为 0.1 mm。可以采用划线找正方式定位，在钻床上用平口虎钳进行装夹，但是效率较低，精度难以保证。如果采用机床夹具，能够直接装夹工件而无需找正，达到工件的加工要求。

13.2 钻床夹具预备知识

　　（1）钻床夹具的概念

　　钻床上用来钻孔、扩孔、铰孔、锪孔及攻螺纹的机床夹具称为钻床夹具，习惯称为钻模。使用钻模加工时，是通过钻套引导刀具进行加工。钻模主要用于加工中等精度、尺寸较小的孔或孔系。使用钻模可提高孔及孔系之间的位置精度，又有利于提高孔的形状和尺寸精度，同时还可节省划线找正的辅助时间，其结构简单、制造方便，因此钻模在批量生产中得到广泛应用。

　　（2）钻床夹具的主要类型

　　① 固定式钻模。固定式钻模在机床上的位置一般固定不动，加工精度较高，主要用于

在立式钻床上加工直径较大的单孔及同轴线上的孔，或在摇臂钻床上加工轴线平行的孔系。为了提高加工精度，在立式钻床上安装钻模时，要先将安装在主轴上的钻头伸入钻套中，确定钻模的位置后再将夹具夹紧。

固定式钻模如图 13-2 所示，其中，图 13-2（a）所示为用来加工工件上 φ12H8mm 孔的固定式钻模，图 13-2（b）所示为衬套零件加工工序图。从图 13-2 中可知，φ12H8mm 孔的设计基准为端面 A 和内孔 φ68H7mm，据此选定其为定位基准，符合基准重合原则，限制了 5 个自由度，满足加工要求。快换钻套 5 用于引导加工刀具。扳动手柄 8 借助偏心轮 9 的作用，通过拉杆 3 与开口垫圈 2 夹紧工件。反向扳动手柄 8，拉杆 3 在弹簧 10 的作用下松开工件，开口垫圈 2 绕螺钉 1 打开，即可卸下工件。

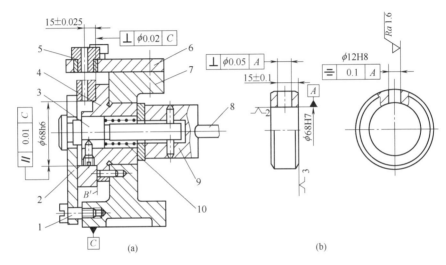

图 13-2 固定式钻模
1—螺钉；2—开口垫圈；3—拉杆；4—定位法兰；5—快换钻套；6—钻模板；7—夹具体；8—手柄；
9—偏心轮；10—弹簧

② 分度式钻模。带有分度装置的钻模称为分度式钻模。其分度方式有两种，即回转式分度钻模和直线式分度钻模。回转式分度钻模应用较多，主要用于加工平面上成圆周分布、轴线互相平行的孔系，或分布在圆柱面上的径向孔系。回转式分度钻模按其转轴的位置还可分为立轴式分度钻模、卧轴式分度钻模和斜轴式分度钻模三种。

工件一次装夹，经夹具分度机构转位可顺序加工各孔。

图 13-3 所示为卧轴回转式分度钻模，它可用来加工工件圆柱面上 3 个径向均布孔。在分度转盘 6 的左端面上有成圆周均布的 3 个轴向钻套孔，内设定位锥套 12。钻孔前，对定销 2 在弹簧力的作用下插入分度锥孔，反转手柄 5。螺套 4 通过锁紧螺母使分度转盘 6 锁紧在夹具体上。钻孔后，正转手柄 5，将分度转盘 6 松开，同时螺套 4 上的端面凸轮将对定销 2 拔出，将分度转盘 6 转动 120° 直至对定销 2 重新插入第二个锥孔，然后锁紧加工另一孔。

③ 翻转式钻模。翻转式钻模主要用于加工小型工件同一表面或不同表面上的孔（图 13-4），其结构比回转式钻模简单，适合于中、小批工件的加工。加工时，整个钻模（含工件）一般用手进行翻转；对于稍大的工件，必须设计专门的托架，以便翻转夹具。

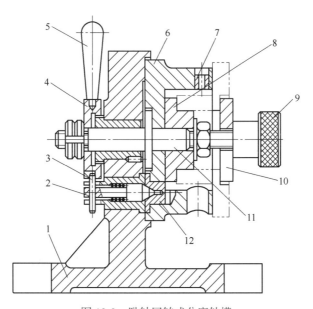

图 13-3　卧轴回转式分度钻模

1—夹具体；2—对定销；3—横销；4—螺套；5—手柄；6—分度转盘；7—钻套；8—定位件；9—滚花螺母；
10—开口垫圈；11—转轴；12—锥套

图 13-4（a）所示为加工某套类零件上 12 个螺纹底孔的翻转式钻模，图 13-4（b）为其工序图。工件以端面 M 和内孔 ϕ30H8mm 分别在夹具定位件 2 上的面和 ϕ30g6mm 圆柱销上定位，用削扁开口垫圈 3、螺杆 4 和手轮 5 压紧工件，翻转 6 次加工工件上 6 个径向孔，然后将钻模轴线竖直向上，即可加工端面上的 6 个孔。

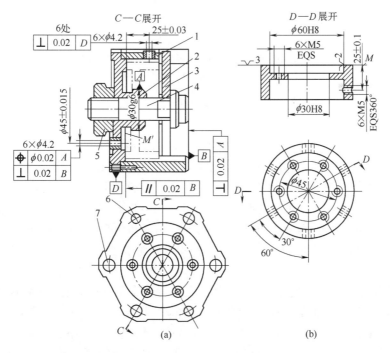

图 13-4　翻转式钻模

1—夹具体；2—定位件；3—削扁开口垫圈；4—螺杆；5—手轮；6—销；7—沉头螺钉

④ 盖板式钻模。盖板式钻模没有夹具体，其定位元件和夹紧装置直接安装在钻模板上。钻模板在工件上定位，夹具结构简单轻便，切屑易于清除，常用于床身、箱体等大型工件上的小孔加工，也可用于中、小批生产中的中、小工件的孔加工。加工小孔时，可不设夹紧装置。

图 13-5 所示为加工主轴箱 7 个螺纹孔的盖板式钻模，右边为其工序简图。工件以端面及两大孔作为定位基面，在钻模板的 4 个支承钉 1 组成的平面、圆柱销及菱形销 6 上定位；旋转螺杆 5，向下推动钢球 4，钢球 4 同时使 3 个柱塞外移，将钻模板夹紧在工件上。该定心夹紧机构常称为内涨器，现已标准化。

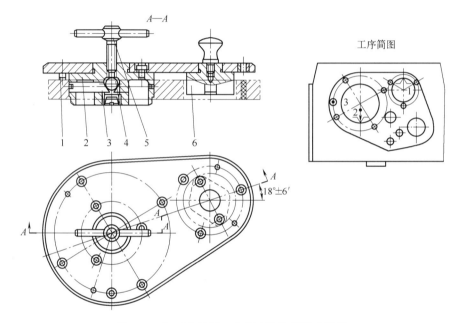

图 13-5　加工主轴箱 7 个螺纹孔的盖板式钻模
1—支承钉；2—夹具体；3—柱塞；4—钢球；5—螺杆；6—菱形销

⑤ 滑柱式钻模。滑柱式钻模是一种带有升降钻模板的通用可调夹具，按其夹紧的动力来分有手动和气动两种。

图 13-6 所示为手动滑柱式钻模的通用结构，由钻模板 1、两根滑柱 2 和一根齿轮轴 6、齿条柱 3、夹具体 4 等机构组成。这几部分的结构已标准化，钻模板也有不同的结构。使用时，只要根据工件形状、尺寸和加工要求，专门设计制造相应的定位、夹紧装置和钻套等，装在夹具体的平台或钻模板的适当位置，就可用于加工。使用时转动手柄 7，经过齿轮齿条的传动和左右滑柱的导向，便能带动钻模板升降。钻模板在升降至一定高度后，必须自锁。锁紧机构中用得最广泛的是利用齿轮轴 6 上的双向圆锥产生锁紧力的锁紧机构。

由于滑柱和导孔为间隙配合，因此被加工孔的垂直度和位置度难以达到较高的精度。

对于加工孔的垂直度和位置精度要求不高的中小型工件，宜采用滑柱式钻模，以缩短夹具的设计制造周期，由于气动滑柱钻模的滑柱与钻模板的上下移动是由双向作用活塞式气缸推动的，与手动相比，具有结构简单、不需要机械锁紧机构、动作快及效率高等优点。

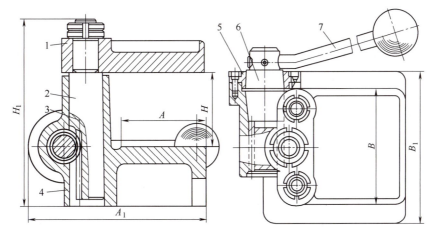

图 13-6　手动滑柱式钻模的通用结构

1—钻模板；2—滑柱（两根）；3—齿条柱；4—夹具体；5—套环；6—齿轮轴；7—手柄

13.3　钻床夹具的设计要点

钻床夹具的结构特点是它具有特有的钻套和钻模板。

13.3.1　钻套形式的选择和设计

钻套用来引导刀具，以保证被加工孔的位置精度和提高工艺系统的刚度。钻套可分为标准钻套和特殊钻套两大类。

微课

钻床专用夹具（2）

（1）标准钻套

标准钻套又分为固定钻套、可换钻套和快换钻套，如图 13-7 所示。

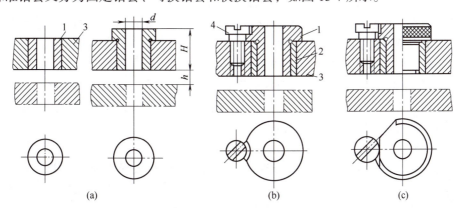

图 13-7　标准钻套

1—钻套；2—衬套；3—钻模板；4—螺钉

①　固定钻套。图 13-7（a）所示为固定钻套的两种形式。钻套直接压入钻模板或夹具体的孔中，位置精度高，但磨损后不易更换，在中、小批生产中使用。

②　可换钻套。图 13-7（b）所示为可换钻套的标准结构。钻套 1 以间隙配合安装在衬套 2 中，衬套 2 压入钻模板 3 中，并用螺钉 4 固定，以防止钻套在衬套中转动。可换钻套磨损

后，将螺钉松开便可迅速更换，故多用于大批生产。

③ 快换钻套。图 13-7（c）所示为快换钻套的标准结构。快换钻套适用于在同一道工序中需要依次对同一孔进行钻、扩、铰或攻螺纹，能快速更换不同孔径的钻套。更换钻套时，不需松开螺钉，只要将快换钻套逆时针转过一定角度，使缺口正对螺钉头部即可取出更换。

（2）特殊钻套

由于工件的形状特殊，或者被加工孔的位置特殊，不适合采用标准钻套，就需要自行设计结构特殊的钻套。图 13-8 所示为几种特殊钻套。

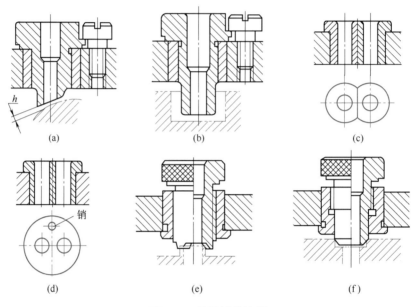

图 13-8　几种特殊钻套

其中，图 13-8（a）所示为在斜面或圆弧面上钻孔的钻套。排屑空间的高度 $h < 0.5mm$，可避免钻头引偏或折断。图 13-8（b）所示为在凹形表面上钻孔的加长钻套。钻套可做成悬伸的，为减少刀具与钻套的摩擦，可将钻套高度以上的孔径放大，做成阶梯形。图 13-8（c）和图 13-8（d）所示为小孔距钻套。将两孔做在同一个钻套上时，要用定位销确定钻套位置。图 13-8（e）和图 13-8（f）所示为兼有定位与夹紧功能的钻套。钻套与衬套之间一段为圆柱间隙配合，以保证导向孔的正确位置；一段为螺纹连接，以承受夹紧反力；钻套下端为圆内锥（或圆外锥），用来定位夹紧工件。

（3）钻套的尺寸与公差

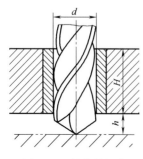

图 13-9　钻套的尺寸

① 钻套基本尺寸取刀具的最大极限尺寸。如图 13-9 所示 d 为导向孔径，对于钻头、扩孔钻、铰刀等定尺寸刀具，按基轴制选用，配合偏差值为 F7 或 G6。

② 对于一般孔距精度来说，钻套高度 $H=(1.5 \sim 2)d$；孔距精度要求 $\pm 0.05mm$ 时，$H=(2.5 \sim 3.5)d$。

③ 钻套与工件距离增大 h 值，使排屑方便，但刀具的刚度和孔加工精度都会降低。

　　a.钻削易排屑的铸铁时，常取 $h=(0.3 \sim 0.7)d$。

　　b.钻削较难排屑的钢件时，常取 $h=(0.7 \sim 1.5)d$。

c. 工件精度要求高时，取 $h=0$，使切屑全部从钻套中排出。

13.3.2 钻模板的设计

钻模板用于安装钻套，并确保钻套在钻模上的位置。常见的钻模板有以下几种。

（1）固定式钻模板

固定式钻模板与夹具体铸成一体，或用螺钉和销钉与夹具体连接在一起，结构简单，制造方便，定位精度高，但有时装配工件不方便。

（2）铰链式钻模板

铰链式钻模板如图 13-10 所示，铰链销 1 与钻模板 5 的销孔采用 G7/h6 配合。钻模板 5 与铰链座 3 之间采用 H8/g7 配合。钻套导向孔与夹具安装面的垂直度可通过调整两颗支承钉的高度加以保证。加工时，钻模板 5 由菱形螺母 6 锁紧。由于铰链销、孔之间存在活动间隙，工件的加工精度不高。

（3）可卸式钻模板

可卸式钻模板如图 13-11 所示，它与夹具体做成可拆卸的结构，工件每装卸一次，钻模板也要装卸一次，故适用于中、小批生产。

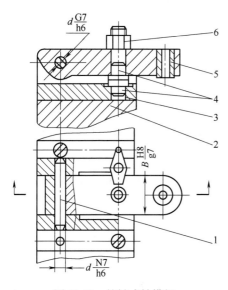

图 13-10　铰链式钻模板

1—铰链销；2—夹具体；3—铰链座；4—支承钉；
5—钻模板；6—菱形螺母

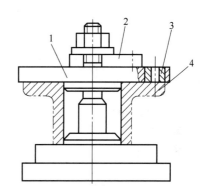

图 13-11　可卸式钻模板

1—钻模板；2—压板；3—钻套；4—工件

13.3.3 工件装夹的方法

从钻床夹具的分析中可知，工件可以按划线找正装夹，也可用夹具直接装夹。所以，在机械加工工艺过程中，常见的工件装夹方法，按其实现工件定位的方式可分为如下两种。

① 按找正方式定位的装夹方法。找正装夹方法是以工件的有关表面或专门划出的线痕作为找正依据，用划针或百分表进行找正，以确定工件的正确定位位置，然后再将工件夹紧进行加工。如图 13-12 所示，铣削连杆零件上下两平面时，若零件数量不多，则可在机用

平口虎钳中按侧边划出的加工线痕用划针进行找正。如图 13-13 所示，若钢套零件的数量不多，也可采用划线找正的方法定位，在钻床上用机用平口虎钳进行装夹。

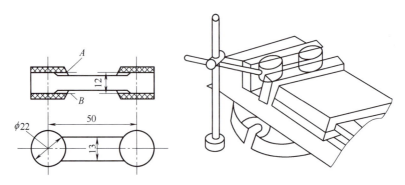

图 13-12　在机用平口虎钳上找正和装夹连杆零件

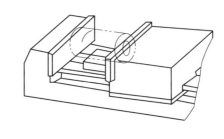

图 13-13　在机用平口虎钳上找正和装夹钢套零件

　　这种方法常用于单件小批生产中，无需专用装备，但生产效率低，劳动强度大，加工质量不高，往往还要增加划线工序。

　　② 用专用夹具装夹工件的方法。当零件批量大时，采用划线找正方法效率低、强度大，所以必须使用专用夹具装夹工件。图 13-14 所示为套筒钻孔所用的钻床夹紧方案。

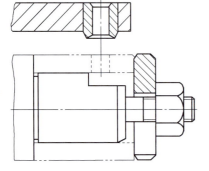

图 13-14　套筒钻孔所用的钻床夹紧方案

13.3.4　分度装置的分类

　　当工件在一次装夹后需要按一定角度或一定距离加工一组表面时，就要采用分度装置。分度装置常用于钻床夹具、铣床夹具和车床夹具上。

　　（1）分度装置的组成

　　常见的分度装置有两类。

　　① 回转分度装置。回转分度装置不必松开工件，而通过回转分度装置一定角度，就可完成多工位加工。它主要加工有一定回转角度要求的孔系、槽或多面体。

　　② 直线移动分度装置。直线移动分度装置不必松开工件，就能带着工件沿直线移动一定距离，从而完成多工位加工。它主要加工有一定距离要求的平行孔系和槽等，如图 13-15 所示。

（2）分度装置的结构

由于设计这两类分度装置时考虑的问题基本相同，而且回转分度装置应用最多，下面仅讨论回转分度装置的有关问题。

通用回转分度工作台分为卧式和立式两种。图 13-16 所示为立轴式通用转台，分度时，逆时针转动手柄 10，通过螺纹传动轴 9 上的挡销带动齿轮套 14 转动，使对定销 12 从分度衬套圈 11 中拔出，分度转盘 2（连同转轴）便可转过一个工位，在弹簧 13 的作用下，对定销 12 插入转盘

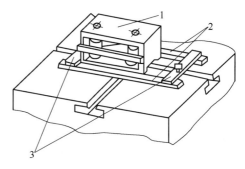

图 13-15　直线移动分度装置
1—移动部分；2—导板；3—定程板

另一分度衬套孔中（此时手柄自动顺时针转动），完成一次分度。继续顺时针转动手柄 10，螺纹传动轴 9 把弹性开口锁紧圈 8 顶紧，并通过内锥面迫使锥形圈 5 向下压，使转盘锁紧在转台体 1 上。齿轮套 14 的端部开有缺口（*B—B* 剖面），借助它即可实现先松开分度转盘再拔销，或者先插销再锁紧分度转盘的操作。

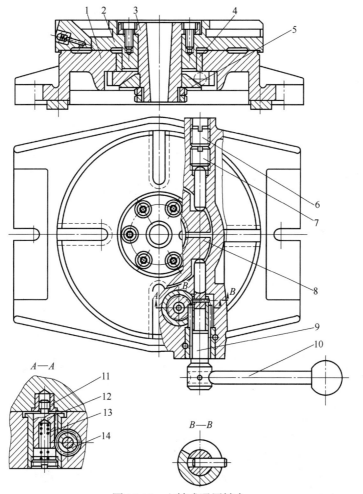

图 13-16　立轴式通用转台
1—转台体；2—分度转盘；3—转轴；4—衬套；5—锥形圈；6—螺钉；7—调整螺钉；8—锁紧圈；
9—螺纹传动轴；10—手柄；11—分度衬套圈；12—对定销；13—弹簧；14—齿轮套

 任务实施

（1）确定工件定位和夹紧方案设计

从套筒钻孔加工方法的分析中可知（图13-1），该零件年产600件，为提高生产效率，故采用专用装夹工件。根据工件是以内孔及其端面作为定位基准，如图13-17所示，工件与夹具上的定位元件（定位心轴及端面支承）保持接触，通过它们使工件在夹具中处于正确位置。如图13-18所示的心轴、螺母和开口垫圈组成了零件的夹紧装置，从而完成零件的定位和夹紧。

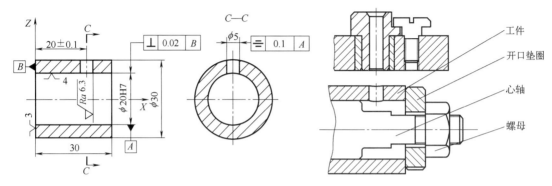

图13-17　定位基准　　　　　　　图13-18　套筒钻床夹具的夹紧结构设计

（2）确定钻孔工序的引导装置

在加工中，为了确定钻头相对于工件的正确位置，由于钻模板上钻套的中心到定位元件端面的距离是根据工件上5 mm的孔中心到工件端面的尺寸（20±0.1)mm来确定的，因此保证了钻套导引的钻头在工件上有正确的加工位置，并且在加工中能防止钻头的轴线引偏。该零件采用图13-19中钻套、钻模板、衬套和螺钉组成的导向装置，确保了钻头轴线相对于定位元件的正确位置。

（3）钻套设计

根据套筒结构特点和生产批量，采用快换标准钻套结构，机构如图13-20所示。

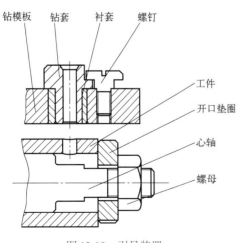

图13-19　引导装置

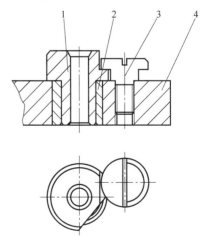

图13-20　套筒钻孔的钻套
1—快换钻套；2—衬套；3—螺钉；4—钻模板

（4）夹具体和连接元件设计

夹具体用于将夹具的所有元件连接成一个整体，如图 13-21 中的夹具体 1，通过夹具体 1 把夹具中的所有元件连接成一个整体。在图 13-21 中，夹具体 1 的底面为安装基面，保证了钻套 5 的轴线垂直于钻床工作台，以及定位心轴 2 的轴线平行于钻床工作台。因此，夹具体可兼作连接元件。

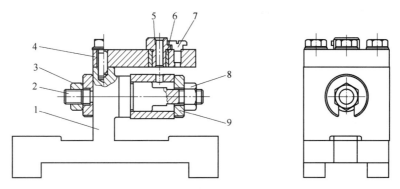

图 13-21　套筒钻床夹具

1—夹具体；2—定位心轴；3，8—螺母；4—钻模板；5—钻套；6—衬套；7—螺钉；9—开口垫圈

（5）夹具总装图

在设计套筒夹具过程中，根据套筒零件特点和《机床夹具设计手册》相关内容进行参数选取和计算。套筒钻床夹具总装图如图 13-22 所示。夹具总装三维立体图如图 13-23 所示。

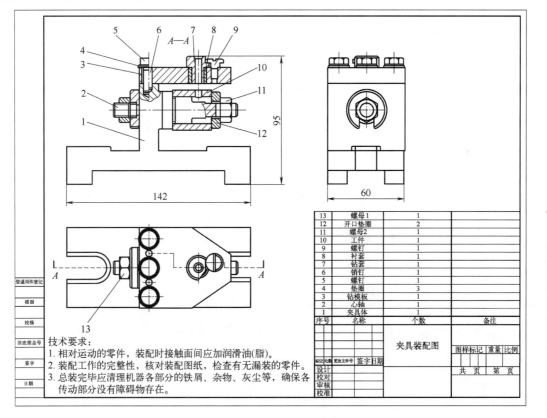

图 13-22　套筒钻床夹具总装图

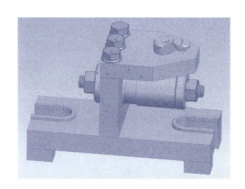

图 13-23　夹具总装三维立体图

 # 考核评价小结

（1）套筒钻床夹具形成性考核评价（30%）

套筒钻床夹具形成性考核评价由教师根据学生考勤、课堂表现等进行，评价见表 13-1。

表 13-1　套筒钻床夹具形成性考核评价

小组	成员	考勤	课堂表现	汇报人	补充发言 自由发言
1					
2					
3					

（2）套筒钻床夹具工艺设计考核评价（70%）

套筒钻床夹具工艺设计考核评价由学生自评、小组内互评、教师评价三部分组成，评价见表 13-2。

表 13-2　套筒钻床夹具工艺设计考核评价

项目名称							
小组	评价项目	扣分标准	配分	自评（15%）	互评（20%）	教评（65%）	得分
1	整体构思	不合理，扣5～10分	10				
2	技术方法和工艺路线是否合理、经济	不合理，扣10～20分	20				
3	零件的定位和夹紧方案	不合理，各扣10～20分	20				

续表

项目名称							
小组	评价项目	扣分标准	配分	自评（15%）	互评（20%）	教评（65%）	得分
4	绘制夹具装配图	不合理，扣 10 ～ 25 分	25				
5	绘制夹具零件图	不合理，扣 8 ～ 15 分	15				
6	设计创新点	创新不足，扣 5 ～ 10 分	10				
互评小组			指导教师			项目得分	
备注			合计				

拓展练习

图 13-24 所示为手阀体零件，加工端面上 6×ϕ10mm 孔，应用所学知识，从机床夹具应用的角度出发，设计该零件上孔加工机床夹具。

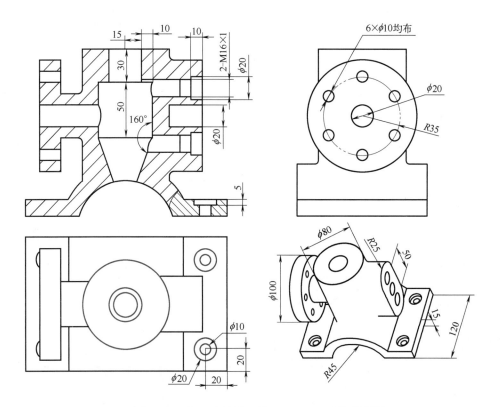

图 13-24 加工内筋板上的 6×ϕ10mm 孔的零件图

附录

附录1 车削用量选取参考表

一、外圆车削背吃刀量选择表（端面切深减半，mm）

轴径 /mm	长度 /mm											
	≤ 100		> 100 ~ 250		> 250 ~ 500		> 500 ~ 800		> 800 ~ 1200		> 1200 ~ 2000	
	半精	精车	半精	精车	半精	精车	半精	精车	半精	精车	半精	精车
≤ 10	0.8	0.2	0.9	0.2	1	0.3	—	—	—	—	—	—
> 10 ~ 18	0.9	0.2	0.9	0.3	1	0.3	1.1	0.3	—	—	—	—
> 18 ~ 30	1	0.3	1	0.3	1.1	0.3	1.3	0.4	1.4	0.4	—	—
> 30 ~ 50	1.1	0.3	1	0.3	1.1	0.4	1.3	0.5	1.5	0.6	1.7	0.6
> 50 ~ 80	1.1	0.3	1.1	0.4	1.2	0.4	1.4	0.5	1.6	0.6	1.8	0.7
> 80 ~ 120	1.1	0.4	1.2	0.4	1.2	0.5	1.4	0.5	1.6	0.6	1.9	0.7
> 120 ~ 180	1.2	0.5	1.2	0.5	1.3	0.6	1.5	0.6	1.7	0.7	2	0.8
> 180 ~ 260	1.3	0.5	1.3	0.6	1.4	0.6	1.6	0.7	1.8	0.8	2	0.9
> 260 ~ 360	1.3	0.6	1.4	0.6	1.5	0.7	1.7	0.7	1.9	0.8	2.1	0.9
> 360 ~ 500	1.4	0.7	1.5	0.7	1.5	0.8	1.7	0.8	1.9	0.9	2.2	1

注：1. 粗加工，表面粗糙度为 $Ra50 \sim 12.5\mu m$ 时，一次走刀应尽可能切除全部余量。

2. 粗车背吃刀量的最大值是受车床功率的大小决定的。中等功率机床可以达到 $8 \sim 10mm$。

二、高速钢及硬质合金车刀车削外圆及端面的粗车进给量

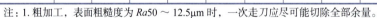

工件材料	车刀刀杆尺寸 /mm	工件直径 /mm	切深 /mm				
			≤ 3	3 ~ 5	5 ~ 8	8 ~ 12	> 12
			进给量 f /（mm/r）				
碳素结构钢、合金结构钢、耐热钢	16 × 25	20	0.3 ~ 0.4	—	—	—	—
		40	0.4 ~ 0.5	0.3 ~ 0.4	—	—	—
		60	0.5 ~ 0.7	0.4 ~ 0.6	0.3 ~ 0.5	—	—
		100	0.6 ~ 0.9	0.5 ~ 0.7	0.5 ~ 0.6	0.4 ~ 0.5	—
		400	0.8 ~ 1.2	0.7 ~ 1	0.6 ~ 0.8	0.5 ~ 0.6	—

续表

工件 材料	车刀刀杆尺寸 /mm	工件 直径 /mm	切深 /mm				
			≤ 3	3 ~ 5	5 ~ 8	8 ~ 12	> 12
			进给量 f/ (mm/r)				
碳素结构钢、合金结构钢、耐热钢	20×30 25×25	20	0.3 ~ 0.4	—	—	—	—
		40	0.4 ~ 0.5	0.3 ~ 0.4	—	—	—
		60	0.6 ~ 0.7	0.5 ~ 0.7	0.4 ~ 0.6	—	—
		100	0.8 ~ 1	0.7 ~ 0.9	0.5 ~ 0.7	0.4 ~ 0.7	—
		400	1.2 ~ 1.4	1 ~ 1.2	0.8 ~ 1	0.6 ~ 0.9	0.4 ~ 0.6
铸铁及铜合金	16×25	40	0.4 ~ 0.5	—	—	—	—
		60	0.6 ~ 0.8	0.5 ~ 0.8	0.4 ~ 0.6	—	—
		100	0.8 ~ 1.2	0.7 ~ 1	0.6 ~ 0.8	0.5 ~ 0.7	—
		400	1 ~ 1.4	1 ~ 1.2	0.8 ~ 1	0.6 ~ 0.8	—
	20×30 25×25	40	0.4 ~ 0.5	—	—	—	—
		60	0.6 ~ 0.9	0.5 ~ 0.8	0.4 ~ 0.7	—	—
		100	0.9 ~ 1.3	0.8 ~ 1.2	0.7 ~ 1	0.5 ~ 0.8	—
		400	1.2 ~ 1.8	1.2 ~ 1.6	1 ~ 1.3	0.9 ~ 1.1	0.7 ~ 0.9

注：1. 断续切削、有冲击载荷时，乘以修正系数 k=0.75 ~ 0.85 。

2. 加工耐热钢及合金时，进给量应不大于 1mm/r。

3. 无外皮时，表内进给量应乘以系数 k=1.1。

4. 加工淬硬钢时，进给量应减小。硬度为 45 ~ 56HRC 时，乘以修正系数 0.8，硬度为 57 ~ 62HRC 时，乘以修正系数 k=0.5。

三、按表面粗糙度选择进给量的参考值

工件材料	粗糙度等级 Ra /μm	切削速度 / (m/min)	刀尖圆弧半径 /mm		
			0.5	1	2
			进给量 f/ (mm/r)		
碳钢及合金碳钢	10 ~ 5	≤ 50	0.3 ~ 0.5	0.45 ~ 0.6	0.55 ~ 0.7
		> 50	0.4 ~ 0.55	0.55 ~ 0.65	0.65 ~ 0.7
	5 ~ 2.5	≤ 50	0.18 ~ 0.25	0.25 ~ 0.3	0.3 ~ 0.4
		> 50	0.25 ~ 0.3	0.3 ~ 0.35	0.35 ~ 0.5
	2.5 ~ 1.25	≤ 50	0.1	0.11 ~ 0.15	0.15 ~ 0.22
		50 ~ 100	0.11 ~ 0.16	0.16 ~ 0.25	0.25 ~ 0.35
		> 100	0.16 ~ 0.2	0.2 ~ 0.25	0.25 ~ 0.35
铸铁及铜合金	10 ~ 5	不限	0.25 ~ 0.4	0.4 ~ 0.5	0.5 ~ 0.6
	5 ~ 2.5		0.15 ~ 0.25	0.25 ~ 0.4	0.4 ~ 0.6
	2.5 ~ 1.25		0.1 ~ 0.15	0.15 ~ 0.25	0.2 ~ 0.35

注：适用于半精车和精车进给量的选择。

四、车削切削速度参考数值表

加工材料	硬度	背吃刀量 a_p/mm	高速钢刀具 v/(m/min)	高速钢刀具 f/(mm/r)	硬质合金刀具 未涂层 v/(m/min) 焊接式	硬质合金刀具 未涂层 v/(m/min) 可转位	硬质合金刀具 未涂层 f/(mm/r)	材料	硬质合金刀具 涂层 v/(m/min)	硬质合金刀具 涂层 f/(mm/r)	陶瓷（超硬材料）刀具 v/(m/min)	陶瓷（超硬材料）刀具 f/(mm/r)	说明
易切碳钢 低碳	100~200	1	55~90	0.18~0.2	185~240	220~275	0.18	YT15	320~410	0.18	550~700	0.13	切削条件好，可用冷压 Al₂O₃ 陶瓷，较差时宜用 Al₂O₃ + TiC 热压混合陶瓷
		4	41~70	0.4	135~185	160~215	0.5	YT14	215~275	0.4	425~580	0.25	
		8	34~55	0.5	110~145	130~170	0.75	YT5	170~220	0.5	335~490	0.4	
易切碳钢 中碳	175~225	1	52	0.2	165	200	0.18	YT15	305	0.18	520	0.13	
		4	40	0.4	125	150	0.5	YT14	200	0.4	395	0.25	
		8	30	0.5	100	120	0.75	YT5	160	0.5	305	0.4	
碳钢 低碳	100~200	1	43~46	0.18	140~150	170~195	0.18	YT15	260~290	0.18	520~580	0.13	
		4	34~33	0.4	115~125	135~150	0.5	YT14	170~190	0.4	365~425	0.25	
		8	27~30	0.5	88~100	105~120	0.75	YT5	135~150	0.5	275~365	0.4	
碳钢 中碳	175~225	1	34~40	0.18	115~130	150~160	0.18	YT15	220~240	0.18	460~520	0.13	
		4	23~30	0.4	90~100	115~125	0.5	YT14	145~160	0.4	290~350	0.25	
		8	20~26	0.5	70~78	90~100	0.75	YT5	115~125	0.5	200~260	0.4	
碳钢 高碳	175~225	1	30~37	0.18	115~130	140~155	0.18	YT15	215~230	0.18	460~520	0.13	—
		4	24~27	0.4	88~95	105~120	0.5	YT14	145~150	0.4	275~335	0.25	
		8	18~21	0.5	69~76	84~95	0.75	YT5	115~120	0.5	185~245	0.4	
合金钢 低碳	125~225	1	41~46	0.18	135~150	170~185	0.18	YT15	220~235	0.18	520~580	0.13	
		4	32~37	0.4	105~120	135~145	0.5	YT14	175~190	0.4	365~395	0.25	
		8	24~27	0.5	84~95	105~115	0.75	YT5	135~145	0.5	275~335	0.4	
合金钢 中碳	175~225	1	34~41	0.18	105~115	130~150	0.18	YT15	175~200	0.18	460~520	0.13	
		4	26~32	0.4	85~90	105~120	0.4~0.5	YT14	135~160	0.4	280~360	0.25	
		8	20~24	0.5	67~73	82~95	0.5~0.75	YT5	105~120	0.5	220~265	0.4	
合金钢 高碳	175~225	1	30~37	0.18	105~115	135~145	0.18	YT15	175~190	0.18	460~520	0.13	
		4	24~27	0.4	84~90	105~115	0.5	YT14	135~150	0.4	275~335	0.25	
		8	17~21	0.5	66~72	82~90	0.75	YT5	105~120	0.5	215~245	0.4	

续表

加工材料	硬度	背吃刀量 a_p/mm	高速钢刀具 v/(m/min)	高速钢刀具 f/(mm/r)	硬质合金刀具 未涂层 v/(m/min) 焊接式	硬质合金刀具 未涂层 v/(m/min) 可转位	硬质合金刀具 未涂层 f/(mm/r)	硬质合金刀具 未涂层 材料	硬质合金刀具 涂层 v/(m/min)	硬质合金刀具 涂层 f/(mm/r)	陶瓷(超硬材料)刀具 v/(m/min)	陶瓷(超硬材料)刀具 f/(mm/r)	说明
高强度钢	225～350	1	20～26	0.18	90～105	115～135	0.18	YT15	150～185	0.18	380～440	0.13	>300HBS时宜 用 W12Cr4V5Co5 及 W2Mo9Cr4VCo8
		4	15～20	0.4	69～84	90～105	0.4	YT14	120～135	0.4	205～265	0.25	
		8	12～15	0.5	53～66	69～84	0.5	YT5	90～105	0.5	145～205	0.4	
高速钢	200～225	1	15～24	0.13～0.18	76～105	85～125	0.18	YW1,YT15	115～160	0.18	420～460	0.13	加工高速钢时宜 用 W12Cr4V5Co5 及 W2Mo9Cr4VCo8
		4	12～20	0.25～0.4	60～84	69～100	0.4	YW2,YT14	90～130	0.4	250～275	0.25	
		8	9～15	0.4～0.5	46～64	53～76	0.5	YW3,YT5	69～100	0.5	190～215	0.4	
不锈钢 奥氏体	135～275	1	18～34	0.18	58～105	67～120	0.18	YG3X,YW1	84～60	0.18	275～425	0.13	>225HBS时宜 用 W12Cr4V5Co5 及 W2Mo9Cr4VCo8
		4	15～27	0.4	49～100	58～105	0.4	YG6,YW1	76～135	0.4	150～275	0.25	
		8	12～21	0.5	38～76	46～84	0.5	YG6,YW1	60～105	0.5	90～185	0.4	
不锈钢 马氏体	175～325	1	20～44	0.18	87～140	95～175	0.18	YW1,YT15	120～260	0.18	350～490	0.13	>275HBS时宜 用 W12Cr4V5Co5 及 W2Mo9Cr4VCo8
		4	15～35	0.4	69～15	75～135	0.4	YW1,YT15	100～170	0.4	185～335	0.25	
		8	12～27	0.5	55～90	58～105	0.5～0.75	YW2,YT14	76～135	0.5	120～245	0.4	
灰铸铁	160～260	1	26～43	0.18	84～135	100～165	0.18～0.25	YG8,YW2	130～190	0.18	395～550	0.13～0.25	>190HBS时宜 用 W12Cr4V5Co5 及 W2Mo9Cr4VCo8
		4	17～27	0.4	69～110	81～125	0.4～0.5		105～160	0.4	245～365	0.25～0.4	
		8	14～23	0.5	60～90	66～100	0.5～0.75		84～130	0.5	185～275	0.4～0.5	

续表

加工材料	硬度	背吃刀量 a_p/mm	高速钢刀具 v/(m/min)	高速钢刀具 f/(mm/r)	硬质合金刀具 未涂层 v/(m/min) 焊接式	未涂层 v/(m/min) 可转位	未涂层 f/(mm/r)	材料	涂层 v/(m/min)	涂层 f/(mm/r)	陶瓷（超硬材料）刀具 v/(m/min)	陶瓷 f/(mm/r)	说明
可锻铸铁	160~240	1	30~40	0.18	120~160	135~185	0.25	YW1, YT15	185~235	0.25	305~365	0.13~0.25	—
		4	23~30	0.4	90~120	105~135	0.5	YW1, YT15	135~185	0.4	230~290	0.25~0.4	
		8	18~24	0.5	76~100	85~115	0.75	YW2, YT14	105~145	0.5	150~230	0.4~0.5	
铝合金	30~150	1	245~305	0.18	550~610	max	0.25	YG3X, YW1	—	—	365~915	0.075~0.15	金刚石刀具 a_p=0.13~0.4
		4	215~275	0.4	425~550	max	0.5	YG6, YW1	—	—	245~760	0.15~0.3	金刚石刀具 a_p=0.4~1.25
		8	185~245	0.5	305~365	max	1	YG6, YW1	—	—	150~460	0.3~0.5	a_p=1.25~3.2
铜合金		1	40~175	0.18	84~345	90~395	0.18	YG3X, YW1	—	—	305~1460	0.075~0.15	金刚石刀具 a_p=0.13~0.4
		4	34~145	0.4	69~290	76~335	0.5	YG6, YW1	—	—	150~855	0.15~0.3	金刚石刀具 a_p=0.4~1.25
		8	27~120	0.5	64~270	70~305	0.75	YG8, YW2	—	—	90~550	0.3~0.5	a_p=1.25~3.2
钛合金	300~350	1	12~24	0.13	38~66	49~76	0.13	YG3X, YW1	—	—	—	—	采用 W12Cr4V5Co5 及 W2Mo9Cr4VCo8
		4	9~21	0.25	32~56	41~66	0.2	YG6, YW1	—	—	—	—	
		8	8~18	0.4	24~43	26~49	0.25	YG8, YW2	—	—	—	—	
高温合金	200~475	0.8	3.6~14	0.13	12~49	14~58	0.13	YG3X, YW1	—	—	185	0.075	立方氮化硼刀具
		2.5	3~11	0.18	9~41	12~49	0.18	YG6, YW1	—	—	135	0.13	

五、外圆车削时切削速度公式中的系数和指数选择表

加工材料	加工形式	刀具材料	进给量 $f/$（mm/r）	公式中的系数和指数			
				C_V	x_V	y_V	m
碳素结构钢 $\sigma_b =$ 0.65GPa	外圆纵车（$\kappa_r > 0°$）	YT15（不用切削液）	$f \leqslant 0.3$	291	0.15	0.20	0.20
			$f \leqslant 0.7$	242	0.15	0.35	0.20
			$f > 0.7$	235	0.15	0.45	0.20
	外圆纵车（$\kappa_r > 0°$）	高速钢（不用切削液）	$f \leqslant 0.25$	67.2	0.25	0.33	0.125
			$f > 0.25$	43	0.25	0.66	0.125
	外圆纵车（$\kappa_r = 0°$）	YT15（不用切削液）	$f \geqslant a_p$	198	0.30	0.15	0.18
			$f > a_p$	198	0.15	0.30	0.18
	切断及切槽	YT5（不用切削液）		38		0.80	0.20
	切断及切槽	高速钢（用切削液）		21		0.66	0.25
	成型车削	高速钢（用切削液）		20.3		0.50	0.30
耐热钢 1Cr18Ni9Ti 141HB	外圆纵车	YG8（不用切削液）		110	0.2	0.45	0.15
		高速钢（用切削液）		31	0.2	0.55	0.15
淬硬钢 50HRC $\sigma_b =$ 1.65GPa	外圆纵车	YT15（不用切削液）	$f \leqslant 0.3$	53.3	0.18	0.40	0.10
灰铸铁 190HB	外圆纵车（$\kappa_r > 0°$）	YT15（不用切削液）	$f \leqslant 0.4$	189.8	0.15	0.2	0.2
			$f > 0.4$	158	0.15	0.4	0.2
		高速钢（不用切削液）	$f \leqslant 0.25$	24	0.15	0.30	0.1
			$f > 0.25$	22.7	0.15	0.40	0.1
	外圆纵车（$\kappa_r = 0°$）	YG6（用切削液）	$f \geqslant a_p$	208	0.4	0.2	0.28
			$f > a_p$	208	0.2	0.4	0.28
	切断及切槽	YG6（不用切削液）		54.8		0.4	0.2
		高速钢（不用切削液）		18		0.4	0.15
可锻铸铁	外圆纵车	YG8（不用切削液）	$f \leqslant 0.4$	206	0.15	0.20	0.2
			$f > 0.4$	140	0.15	0.45	0.2
		高速钢（用切削液）	$f \leqslant 0.25$	68.9	0.2	0.25	0.125
			$f > 0.25$	48.8	0.2	0.5	0.125
	切断及切槽	YG6（不用切削液）		68.8		0.4	0.2
		高速钢（用切削液）		37.6		0.5	0.25
中等硬度非均质铜合金 100～140HB	外圆纵车	高速钢（不用切削液）	$f \leqslant 0.2$	216	0.12	0.25	0.28
			$f > 0.2$	145.6	0.12	0.5	0.28

续表

加工材料	加工形式	刀具材料	进给量 $f/(\text{mm/r})$	公式中的系数和指数			
				C_V	x_V	y_V	m
硬青铜 200～240HB	外圆纵车	YG8（不用切削液）	$f \leq 0.4$	734	0.13	0.2	0.2
			$f > 0.4$	648	0.2	0.4	0.2
铝硅合金及铸铝合金	外圆纵车	YG8（不用切削液）	$f \leq 0.4$	388	0.12	0.25	0.28
			$f > 0.4$	262	0.12	0.5	0.28

注：1. 内表面加工（镗孔、孔内切槽、内表面成型车削）时，用外圆加工的车削速度乘以系数 0.9。

2. 用高速钢车刀加工结构钢、不锈钢及铸钢，不用切削液时，车削速度乘以系数 0.8。

3. 用 YT 车刀对钢件切断及切槽使用切削液时，车削速度乘以系数 1.4。

4. 成型车削深轮廓及复杂轮廓工件时，切削速度乘以系数 0.85。

5. 用高速钢车刀加工热处理钢件时，车削速度应减少：正火，乘以系数 0.95；退火，乘以系数 0.9；调质，乘以系数 0.8。

附录 2 铣削用量选取参考表

一、刀具：立铣刀（条件：粗铣）

材料及硬度（HB）	铣削平面及凸台				铣削槽			
	铣削深度 /mm	铣削速度 $v/(\text{m/min})$	铣刀直径 d_0/mm	每齿进给量 $f_z/(\text{mm/z})$	铣削深度 /mm	铣削速度 $v/(\text{m/min})$	槽宽 d_0 /mm	每齿进给量 $f_z/(\text{mm/z})$
低碳钢 125～225	0.5	52～64	10	0.025	0.75	30～34	10	0.025
	1.5	38～49	10	0.05	3	29～32	10	0.038
	$d_0/4$	34～43	10	0.025	$d_0/2$	26～29	10	0.018～0.025
	$d_0/2$	20～37	10	0.018	d_0	21～24	10	0.013
	0.5	52～64	12	0.05	0.75	30～34	12	0.038
	1.5	38～49	12	0.075	3	29～32	12	0.063
	$d_0/4$	34～43	12	0.05	$d_0/2$	26～29	12	0.038
	$d_0/2$	20～37	12	0.025	d_0	21～24	12	0.025
	0.5	52～64	18	0.075～0.102	0.75	30～34	18	0.075
	1.5	38～49	18	0.102～0.13	3	29～32	18	0.102
	$d_0/4$	34～43	18	0.075～0.102	$d_0/2$	26～29	18	0.063
	$d_0/2$	20～37	18	0.05～0.075	d_0	21～24	18	0.05
	0.5	52～64	25～50	0.102～0.13	0.75	30～34	25～50	0.102
	1.5	38～49	25～50	0.13～0.15	3	29～32	25～50	0.13
	$d_0/4$	34～43	25～50	0.102～0.13	$d_0/2$	26～29	25～50	0.089
	$d_0/2$	20～37	25～50	0.075～0.102	d_0	21～24	25～50	0.075

材料及硬度（HB）	铣削平面及凸台				铣削槽			
	铣削深度/mm	铣削速度 v/(m/min)	铣刀直径 d_0/mm	每齿进给量 f_z/(mm/z)	铣削深度/mm	铣削速度 v/(m/min)	槽宽 d_0/mm	每齿进给量 f_z/(mm/z)
中碳钢 175～275	0.5	34～49	10	0.025	0.75	26～29	10	0.018
	1.5	26～37	10	0.05	3	24～27	10	0.025
	$d_0/4$	23～32	10	0.025	$d_0/2$	21～24	10	0.013
	$d_0/2$	20～27	10	0.018	d_0	18～20	10	
	0.5	34～49	12	0.05	0.75	26～29	12	0.025～0.038
	1.5	26～37	12	0.075	3	24～27	12	0.05～0.063
	$d_0/4$	23～32	12	0.05	$d_0/2$	21～24	12	0.025
	$d_0/2$	20～27	12	0.025	d_0	18～20	12	0.018
	0.5	34～49	18	0.075	0.75	26～29	18	0.05～0.075
	1.5	26～37	18	0.102	3	24～27	18	0.075～0.102
	$d_0/4$	23～32	18	0.075	$d_0/2$	21～24	18	0.05
	$d_0/2$	20～27	18	0.05	d_0	18～20	18	0.038
	0.5	34～49	25～50	0.102	0.75	26～29	25～50	0.075～0.102
	1.5	26～37	25～50	0.13	3	24～27	25～50	0.102～0.13
	$d_0/4$	23～32	25～50	0.102	$d_0/2$	21～24	25～50	0.075
	$d_0/2$	20～27	25～50	0.075	d_0	18～20	25～50	0.063
高碳钢 175～275	0.5	32～46	10	0.025	0.75	24～27	10	0.018
	1.5	24～34	10	0.05	3	23～26	10	0.025
	$d_0/4$	21～29	10	0.025	$d_0/2$	20～23	10	0.013
	$d_0/2$	18～24	10	0.018	d_0	17～18	10	
	0.5	32～46	12	0.05	0.75	24～27	12	0.025
	1.5	24～34	12	0.075	3	23～26	12	0.05
	$d_0/4$	21～29	12	0.05	$d_0/2$	20～23	12	0.025
	$d_0/2$	18～24	12	0.025	d_0	17～18	12	0.018
	0.5	32～46	18	0.075	0.75	24～27	18	0.063
	1.5	24～34	18	0.102	3	23～26	18	0.089
	$d_0/4$	21～29	18	0.075	$d_0/2$	20～23	18	0.05
	$d_0/2$	18～24	18	0.05	d_0	17～18	18	0.038
	0.5	32～46	25～50	0.102	0.75	24～27	25～50	0.089
	1.5	24～34	25～50	0.13	3	23～26	25～50	0.102
	$d_0/4$	21～29	25～50	0.102	$d_0/2$	20～23	25～50	0.075
	$d_0/2$	18～24	25～50	0.075	d_0	17～18	25～50	0.063

续表

材料及硬度（HB）	铣削平面及凸台				铣削槽			
	铣削深度/mm	铣削速度 $v/(m/min)$	铣刀直径 d_0/mm	每齿进给量 $f_z/(mm/z)$	铣削深度/mm	铣削速度 $v/(m/min)$	槽宽 d_0/mm	每齿进给量 $f_z/(mm/z)$
合金钢（低碳）125～225	0.5	37～38	10	0.025	0.75	27～30	10	0.025
	1.5	27～29	10	0.05	3	26～29	10	0.025
	$d_0/4$	24～26	10	0.038	$d_0/2$	23～26	10	0.018
	$d_0/2$	21～23	10	0.025	d_0	18～21	10	0.013
	0.5	37～38	12	0.05	0.75	27～30	12	0.038
	1.5	27～29	12	0.075	3	26～29	12	0.063
	$d_0/4$	24～26	12	0.05	$d_0/2$	23～26	12	0.038
	$d_0/2$	21～23	12	0.038	d_0	18～21	12	0.025
	0.5	37～38	18	0.075～0.102	0.75	27～30	18	0.075
	1.5	27～29	18	0.102～0.13	3	26～29	18	0.102
	$d_0/4$	24～26	18	0.075～0.102	$d_0/2$	23～26	18	0.063
	$d_0/2$	21～23	18	0.05～0.075	d_0	18～21	18	0.05
	0.5	37～38	25～50	0.102～0.13	0.75	27～30	25～50	0.102
	1.5	27～29	25～50	0.13～0.15	3	26～29	25～50	0.13
	$d_0/4$	24～26	25～50	0.102～0.13	$d_0/2$	23～26	25～50	0.089
	$d_0/2$	21～23	25～50	0.075～0.102	d_0	18～21	25～50	0.075
合金钢（中碳）175～275	0.5	30～37	10	0.025	0.75	20～23	10	0.018
	1.5	23～27	10	0.05	3	18～21	10	0.025
	$d_0/4$	20～24	10	0.038	$d_0/2$	15～18	10	0.013
	$d_0/2$	18～21	10	0.025	d_0	12～14	10	
	0.5	30～37	12	0.05	0.75	20～23	12	0.038
	1.5	23～27	12	0.075	3	18～21	12	0.05
	$d_0/4$	20～24	12	0.05	$d_0/2$	15～18	12	0.025
	$d_0/2$	18～21	12	0.038	d_0	12～14	12	0.013～0.018
	0.5	30～37	18	0.075	0.75	20～23	18	0.05～0.075
	1.5	23～27	18	0.102	3	18～21	18	0.075～0.102
	$d_0/4$	20～24	18	0.075	$d_0/2$	15～18	18	0.05
	$d_0/2$	18～21	18	0.05	d_0	12～14	18	0.038
	0.5	30～37	25～50	0.102	0.75	20～23	25～50	0.075～0.102
	1.5	23～27	25～50	0.13	3	18～21	25～50	0.102～0.13
	$d_0/4$	20～24	25～50	0.102	$d_0/2$	15～18	25～50	0.075
	$d_0/2$	18～21	25～50	0.075	d_0	12～14	25～50	0.063

续表

材料及硬度（HB）	铣削平面及凸台				铣削槽			
	铣削深度/mm	铣削速度 v/(m/min)	铣刀直径 d_0/mm	每齿进给量 f_z/(mm/z)	铣削深度/mm	铣削速度 v/(m/min)	槽宽 d_0/mm	每齿进给量 f_z/(mm/z)
合金钢（高碳）175～275	0.5	30～34	10	0.025	0.75	18～20	10	0.018
	1.5	23～26	10	0.05	3	17～18	10	0.025
	$d_0/4$	20～21	10	0.025	$d_0/2$	14～15	10	0.013
	$d_0/2$	18	10	0.018	d_0	12	10	
	0.5	30～34	12	0.05	0.75	18～20	12	0.038
	1.5	23～26	12	0.075	3	17～18	12	0.05
	$d_0/4$	20～21	12	0.05	$d_0/2$	14～15	12	0.025
	$d_0/2$	18	12	0.025	d_0	12	12	0.018
	0.5	30～34	18	0.075	0.75	18～20	18	0.05～0.075
	1.5	23～26	18	0.102	3	17～18	18	0.075～0.102
	$d_0/4$	20～21	18	0.075	$d_0/2$	14～15	18	0.05
	$d_0/2$	18	18	0.05	d_0	12	18	0.038
	0.5	30～34	25～50	0.102	0.75	18～20	25～50	0.075～0.102
	1.5	23～26	25～50	0.13	3	17～18	25～50	0.102～0.13
	$d_0/4$	20～21	25～50	0.102	$d_0/2$	14～15	25～50	0.075
	$d_0/2$	18	25～50	0.075	d_0	12	25～50	0.063
高强度钢 225～350	0.5	18～26	10	0.018	0.75	15～18	10	0.013～0.018
	1.5	14～20	10	0.025	3	14～17	10	0.018～0.025
	$d_0/4$	12～17	10	0.018	$d_0/2$	12～14	10	0.013
	$d_0/2$	11～15	10	0.013	d_0	11～12	10	
	0.5	18～26	12	0.038～0.05	0.75	15～18	12	0.025
	1.5	14～20	12	0.05～0.075	3	14～17	12	0.038～0.05
	$d_0/4$	12～17	12	0.038～0.05	$d_0/2$	12～14	12	0.025
	$d_0/2$	11～15	12	0.025～0.038	d_0	11～12	12	0.013
	0.5	18～26	18	0.075	0.75	15～18	18	0.05
	1.5	14～20	18	0.102	3	14～17	18	0.075
	$d_0/4$	12～17	18	0.075	$d_0/2$	12～14	18	0.038
	$d_0/2$	11～15	18	0.05	d_0	11～12	18	0.025
	0.5	18～26	25～50	0.102	0.75	15～18	25～50	0.075
	1.5	14～20	25～50	0.13	3	14～17	25～50	0.102
	$d_0/4$	12～17	25～50	0.102	$d_0/2$	12～14	25～50	0.063
	$d_0/2$	11～15	25～50	0.075	d_0	11～12	25～50	0.05

续表

材料及硬度(HB)	铣削平面及凸台				铣削槽			
	铣削深度/mm	铣削速度 v/(m/min)	铣刀直径 d_0/mm	每齿进给量 f_z/(mm/z)	铣削深度/mm	铣削速度 v/(m/min)	槽宽 d_0/mm	每齿进给量 f_z/(mm/z)
高速钢 200~275	0.5	18~26	10	0.013~0.018	0.75	9~15	10	0.013
	1.5	14~20	10	0.018~0.025	3	8~14	10	0.018
	$d_0/4$	12~17	10	0.013	$d_0/2$	6~12	10	0.013
	$d_0/2$	11~15	10	0.013	d_0	5~11	10	
	0.5	18~26	12	0.025	0.75	9~15	12	0.038
	1.5	14~20	12	0.025~0.05	3	8~14	12	0.05
	$d_0/4$	12~17	12	0.013~0.025	$d_0/2$	6~12	12	0.018~0.025
	$d_0/2$	11~15	12	0.013	d_0	5~11	12	0.013
	0.5	18~26	18	0.038~0.05	0.75	9~15	18	0.05
	1.5	14~20	18	0.038~0.075	3	8~14	18	0.075
	$d_0/4$	12~17	18	0.025~0.05	$d_0/2$	6~12	18	0.038~0.05
	$d_0/2$	11~15	18	0.013~0.025	d_0	5~11	18	0.025
	0.5	18~26	25~50	0.05~0.075	0.75	9~15	25~50	0.075
	1.5	14~20	25~50	0.063~0.102	3	8~14	25~50	0.102
	$d_0/4$	12~17	25~50	0.05~0.075	$d_0/2$	6~12	25~50	0.075
	$d_0/2$	11~15	25~50	0.025~0.05	d_0	5~11	25~50	0.05
工具钢 150~250	0.5	20~30	10	0.013~0.018	0.75	12~17	10	0.013~0.018
	1.5	15~23	10	0.025	3	11~15	10	0.018
	$d_0/4$	12~20	10	0.013~0.018	$d_0/2$	9~12	10	0.013
	$d_0/2$	11~18	10	0.013	d_0	8~9	10	
	0.5	20~30	12	0.025	0.75	12~17	12	0.038
	1.5	15~23	12	0.038~0.05	3	11~15	12	0.05
	$d_0/4$	12~20	12	0.025	$d_0/2$	9~12	12	0.025~0.038
	$d_0/2$	11~18	12	0.013	d_0	8~9	12	0.013~0.025
	0.5	20~30	18	0.038~0.05	0.75	12~17	18	0.05
	1.5	15~23	18	0.05~0.075	3	11~15	18	0.075
	$d_0/4$	12~20	18	0.038~0.05	$d_0/2$	9~12	18	0.038~0.05
	$d_0/2$	11~18	18	0.025	d_0	8~9	18	0.025~0.05
	0.5	20~30	25~50	0.05~0.075	0.75	12~17	25~50	0.075~0.102
	1.5	15~23	25~50	0.075~0.102	3	11~15	25~50	0.102~0.13
	$d_0/4$	12~20	25~50	0.05~0.075	$d_0/2$	9~12	25~50	0.075~0.102
	$d_0/2$	11~18	25~50	0.038~0.05	d_0	8~9	25~50	0.05~0.075

续表

材料及硬度（HB）	铣削平面及凸台				铣削槽			
	铣削深度 /mm	铣削速度 v/(m/min)	铣刀直径 d_0/mm	每齿进给量 f_z/(mm/z)	铣削深度 /mm	铣削速度 v/(m/min)	槽宽 d_0 /mm	每齿进给量 f_z/(mm/z)
不锈钢（奥氏体）135～275	0.5	27～34	10	0.025	0.75	12～18	10	0.013～0.018
	1.5	20～24	10	0.05	3	11～17	10	0.018～0.025
	$d_0/4$	17～21	10	0.025	$d_0/2$	9～15	10	0.013
	$d_0/2$	15～18	10	0.025	d_0	8～12	10	
	0.5	27～34	12	0.05	0.75	12～18	12	0.025
	1.5	20～24	12	0.075	3	11～17	12	0.038～0.05
	$d_0/4$	17～21	12	0.05	$d_0/2$	9～15	12	0.025
	$d_0/2$	15～18	12	0.025～0.038	d_0	8～12	12	0.013
	0.5	27～34	18	0.102	0.75	12～18	18	0.05
	1.5	20～24	18	0.13	3	11～17	18	0.063～0.075
	$d_0/4$	17～21	18	0.102	$d_0/2$	9～15	18	0.038～0.05
	$d_0/2$	15～18	18	0.075	d_0	8～12	18	0.025
	0.5	27～34	25～50	0.13	0.75	12～18	25～50	0.075
	1.5	20～24	25～50	0.15	3	11～17	25～50	0.102
	$d_0/4$	17～21	25～50	0.13	$d_0/2$	9～15	25～50	0.063～0.075
	$d_0/2$	15～18	25～50	0.102	d_0	8～12	25～50	0.038～0.05
不锈钢（马氏体）175～325	0.5	21～40	10	0.018～0.025	0.75	12～20	10	0.013
	1.5	17～30	10	0.025～0.05	3	11～18	10	0.018
	$d_0/4$	14～27	10	0.018～0.025	$d_0/2$	9～15	10	0.013
	$d_0/2$	12～23	10	0.013～0.025	d_0	8～12	10	
	0.5	21～40	12	0.025～0.05	0.75	12～20	12	0.025～0.038
	1.5	17～30	12	0.05～0.075	3	11～18	12	0.038～0.05
	$d_0/4$	14～27	12	0.025～0.05	$d_0/2$	9～15	12	0.025～0.038
	$d_0/2$	12～23	12	0.018～0.025	d_0	8～12	12	0.013
	0.5	21～40	18	0.05～0.075	0.75	12～20	18	0.05
	1.5	17～30	18	0.075～0.102	3	11～18	18	0.063～0.075
	$d_0/4$	14～27	18	0.05～0.075	$d_0/2$	9～15	18	0.038～0.05
	$d_0/2$	12～23	18	0.038～0.05	d_0	8～12	18	0.018～0.025
	0.5	21～40	25～50	0.075～0.102	0.75	12～20	25～50	0.075
	1.5	17～30	25～50	0.102～0.13	3	11～18	25～50	0.102
	$d_0/4$	14～27	25～50	0.075～0.102	$d_0/2$	9～15	25～50	0.05～0.075
	$d_0/2$	12～23	25～50	0.063～0.075	d_0	8～12	25～50	0.025～0.05

续表

材料及硬度（HB）	铣削平面及凸台				铣削槽			
	铣削深度 /mm	铣削速度 v/(m/min)	铣刀直径 d_0/mm	每齿进给量 f_z/(mm/z)	铣削深度 /mm	铣削速度 v/(m/min)	槽宽 d_0 /mm	每齿进给量 f_z/(mm/z)
灰铸铁 160～260	0.5	27～43	10	0.025	0.75	14～23	10	0.038
	1.5	21～35	10	0.05	3	12～21	10	0.05
	$d_0/4$	18～29	10	0.038	$d_0/2$	11～18	10	0.025～0.038
	$d_0/2$	15～24	10	0.025	d_0	9～14	10	0.013～0.018
	0.5	27～43	12	0.038～0.05	0.75	14～23	12	0.038～0.05
	1.5	21～35	12	0.063～0.075	3	12～21	12	0.05～0.075
	$d_0/4$	18～29	12	0.05	$d_0/2$	11～18	12	0.038～0.05
	$d_0/2$	15～24	12	0.038	d_0	9～14	12	0.025
	0.5	27～43	18	0.05～0.102	0.75	14～23	18	0.05～0.102
	1.5	21～35	18	0.075～0.13	3	12～21	18	0.075～0.13
	$d_0/4$	18～29	18	0.063～0.102	$d_0/2$	11～18	18	0.05～0.075
	$d_0/2$	15～24	18	0.05～0.075	d_0	9～14	18	0.036～0.05
	0.5	27～43	25～50	0.075～0.15	0.75	14～23	25～50	0.075～0.13
	1.5	21～35	25～50	0.102～0.18	3	12～21	25～50	0.102～0.15
	$d_0/4$	18～29	25～50	0.089～0.13	$d_0/2$	11～18	25～50	0.075～0.13
	$d_0/2$	15～24	25～50	0.075～0.102	d_0	9～14	25～50	0.05～0.102
可锻铸铁 160～240	0.5	34～43	10	0.025	0.75	18～21	10	0.018
	1.5	27～34	10	0.05	3	17～20	10	0.025
	$d_0/4$	21～23	10	0.025	$d_0/2$	14～17	10	0.018
	$d_0/2$	18～24	10	0.018	d_0	11～14	10	0.013
	0.5	34～43	12	0.05	0.75	18～21	12	0.025
	1.5	27～34	12	0.075	3	17～20	12	0.038～0.05
	$d_0/4$	21～23	12	0.05	$d_0/2$	14～17	12	0.025
	$d_0/2$	18～24	12	0.025	d_0	11～14	12	0.018
	0.5	34～43	18	0.075～0.102	0.75	18～21	18	0.05～0.063
	1.5	27～34	18	0.102～0.13	3	17～20	18	0.063～0.075
	$d_0/4$	21～23	18	0.075～0.102	$d_0/2$	14～17	18	0.05
	$d_0/2$	18～24	18	0.05～0.075	d_0	11～14	18	0.025～0.038
	0.5	34～43	25～50	0.102～0.15	0.75	18～21	25～50	0.063～0.075
	1.5	27～34	25～50	0.13～0.18	3	17～20	25～50	0.075～0.102
	$d_0/4$	21～23	25～50	0.102～0.13	$d_0/2$	14～17	25～50	0.063～0.075
	$d_0/2$	18～24	25～50	0.075～0.102	d_0	11～14	25～50	0.038～0.05

续表

材料及硬度（HB）	铣削平面及凸台				铣削槽			
	铣削深度/mm	铣削速度 v/（m/min）	铣刀直径 d_0/mm	每齿进给量 f_z/（mm/z）	铣削深度/mm	铣削速度 v/（m/min）	槽宽 d_0/mm	每齿进给量 f_z/（mm/z）
铝合金 30～150	0.5	245～305	10	0.075	0.75	115～150	10	0.075
	1.5	185～245	10	0.102	3	100～135	10	0.102
	$d_0/4$	150～185	10	0.075	$d_0/2$	84～120	10	0.075
	$d_0/2$	120～150	10	0.05	d_0	69～105	10	0.05
	0.5	245～305	12	0.102	0.75	115～150	12	0.13
	1.5	185～245	12	0.15	3	100～135	12	0.15
	$d_0/4$	150～185	12	0.102	$d_0/2$	84～120	12	0.13
	$d_0/2$	120～150	12	0.075	d_0	69～105	12	0.075
	0.5	245～305	18	0.13	0.75	115～150	18	0.15
	1.5	185～245	18	0.2	3	100～135	18	0.2
	$d_0/4$	150～185	18	0.15	$d_0/2$	84～120	18	0.15
	$d_0/2$	120～150	18	0.13	d_0	69～105	18	0.13
	0.5	245～305	25～50	0.18	0.75	115～150	25～50	0.25
	1.5	185～245	25～50	0.25	3	100～135	25～50	0.3
	$d_0/4$	150～185	25～50	0.2	$d_0/2$	84～120	25～50	0.2
	$d_0/2$	120～150	25～50	0.15	d_0	69～105	25～50	0.15
铜合金	0.5	46～150	10	0.025～0.05	0.75	30～87	10	0.025～0.05
	1.5	38～120	10	0.038～0.075	3	26～79	10	0.05～0.075
	$d_0/4$	30～105	10	0.025～0.05	$d_0/2$	23～72	10	0.025～0.05
	$d_0/2$	23～90	10	0.018～0.038	d_0	20～64	10	0.025～0.038
	0.5	46～150	12	0.025～0.075	0.75	30～87	12	0.05
	1.5	38～120	12	0.038～0.13	3	26～79	12	0.063～0.075
	$d_0/4$	30～105	12	0.025～0.075	$d_0/2$	23～72	12	0.038～0.05
	$d_0/2$	23～90	12	0.018～0.075	d_0	20～64	12	0.025～0.038
	0.5	46～150	18	0.102～0.13	0.75	30～87	18	0.075
	1.5	38～120	18	0.13～0.2	3	26～79	18	0.102～0.13
	$d_0/4$	30～105	18	0.075～0.103	$d_0/2$	23～72	18	0.063～0.075
	$d_0/2$	23～90	18	0.05～0.102	d_0	20～64	18	0.05
	0.5	46～150	25～50	0.13～0.18	0.75	30～87	25～50	0.102～0.13
	1.5	38～120	25～50	0.18～0.25	3	26～79	25～50	0.13～0.18
	$d_0/4$	30～105	25～50	0.102～0.15	$d_0/2$	23～72	25～50	0.089～0.102
	$d_0/2$	23～90	25～50	0.075～0.13	d_0	20～64	25～50	0.063～0.075

材料及硬度（HB）	铣削平面及凸台				铣削槽			
	铣削深度/mm	铣削速度 v/(m/min)	铣刀直径 d_0/mm	每齿进给量 f_z/(mm/z)	铣削深度/mm	铣削速度 v/(m/min)	槽宽 d_0/mm	每齿进给量 f_z/(mm/z)
钛合金 300~350	0.5	15~34	10	0.025	0.75	11~20	10	0.018~0.025
	1.5	14~30	10	0.035~0.05	3	9~18	10	0.018~0.025
	$d_0/4$	8~17	10	0.025	$d_0/2$	8~15	10	0.013~0.018
	$d_0/2$	6~12	10	0.018~0.025	d_0	6~12	10	0.013
	0.5	15~34	12	0.05	0.75	11~20	12	0.025~0.05
	1.5	14~30	12	0.075	3	9~18	12	0.025~0.05
	$d_0/4$	8~17	12	0.038~0.05	$d_0/2$	8~15	12	0.018~0.038
	$d_0/2$	6~12	12	0.025~0.038	d_0	6~12	12	0.013~0.025
	0.5	15~34	18	0.102	0.75	11~20	18	0.05~0.075
	1.5	14~30	18	0.13	3	9~18	18	0.05~0.075
	$d_0/4$	8~17	18	0.05~0.075	$d_0/2$	8~15	18	0.05
	$d_0/2$	6~12	18	0.038~0.05	d_0	6~12	18	0.038
	0.5	15~34	25~50	0.102~0.13	0.75	11~20	25~50	0.075~0.102
	1.5	14~30	25~50	0.13~0.15	3	9~18	25~50	0.075~0.102
	$d_0/4$	8~17	25~50	0.075~0.13	$d_0/2$	8~15	25~50	0.063~0.075
	$d_0/2$	6~12	25~50	0.05~0.075	d_0	6~12	25~50	0.05~0.075
高温合金 200~475	0.5	3~12	10	0.025	0.75	2.1~1.6	10	0.013~0.018
	1.5	2.4~9	10	0.038~0.05	3	1.8~1.55	10	0.013~0.025
	$d_0/4$	2.1~8	10	0.025~0.038	$d_0/2$	1.5~5	10	
	$d_0/2$	2~6	10	0.013~0.025	d_0		10	
	0.5	3~12	12	0.025	0.75	2.1~1.6	12	0.013~0.05
	1.5	2.4~9	12	0.038~0.05	3	1.8~1.55	12	0.018~0.038
	$d_0/4$	2.1~8	12	0.025~0.038	$d_0/2$	1.5~5	12	0.018~0.025
	$d_0/2$	2~6	12	0.018~0.025	d_0		12	
	0.5	3~12	18	0.038~0.05	0.75	2.1~1.6	18	0.018~0.05
	1.5	2.4~9	18	0.05~0.075	3	1.8~1.55	18	0.025~0.075
	$d_0/4$	2.1~8	18	0.038~0.063	$d_0/2$	1.5~5	18	0.018~0.05
	$d_0/2$	2~6	18	0.025~0.05	d_0		18	
	0.5	3~12	25~50	0.05	0.75	2.1~1.6	25~50	0.025~0.075
	1.5	2.4~9	25~50	0.075~0.102	3	1.8~1.55	25~50	0.038~0.089
	$d_0/4$	2.1~8	25~50	0.05~0.075	$d_0/2$	1.5~5	25~50	0.025~0.075
	$d_0/2$	2~6	25~50	0.038~0.063	d_0		25~50	

二、端铣刀、圆柱形铣刀、圆盘铣刀（条件：半精铣）

要求表面粗糙度 Ra/μm	铣刀类型	铣刀直径 d_0/mm	加工材料	进给量 f/（mm/r）
6.3	圆盘和镶齿端铣刀			1.2～2.7
3.2	圆盘和镶齿端铣刀			0.5～1.2
1.6	圆盘和镶齿端铣刀			0.23～0.5
3.2	圆柱形铣刀	40～80		1.0～2.7
1.6	圆柱形铣刀	40～80	钢及铸铁	0.6～1.5
3.2	圆柱形铣刀	100～125	钢及铸铁	1.7～3.8
1.6	圆柱形铣刀	100～125	钢及铸铁	1.0～2.1
3.2	圆柱形铣刀	160～250	钢及铸铁	2.3～5.0
1.6	圆柱形铣刀	160～250	钢及铸铁	1.3～2.8
3.2	圆柱形铣刀	40～80	铸铁、铜及铝合金	1.0～2.3
1.6	圆柱形铣刀	40～80	铸铁、铜及铝合金	0.6～1.3
3.2	圆柱形铣刀	100～125	铸铁、铜及铝合金	1.4～3.0
1.6	圆柱形铣刀	100～125	铸铁、铜及铝合金	0.8～1.7
3.2	圆柱形铣刀	160～250	铸铁、铜及铝合金	1.9～3.7
1.6	圆柱形铣刀	160～250	铸铁、铜及铝合金	1.1～2.1

注：本表为半精铣时每转进给量 f，使用圆柱形铣刀。

1. 表中大进给量用于小的铣削深度和铣削宽度；小进给量用于大的铣削深度和铣削宽度。

2. 铣削耐热钢时，进给量与铣削钢时相同，但不大于 0.3mm/z。

三、立铣刀［条件：铣削平面及凸台（半精铣）］

铣刀类型	铣刀直径 d_0/mm	铣削宽度 a_w/mm	每齿进给量 a_f/（mm/z）
带整体刀头的立铣刀	10～12	1～3	0.025～0.03
带整体刀头的立铣刀	14～16	1～3	0.04～0.06
带整体刀头的立铣刀	14～16	5	0.03～0.04
带整体刀头的立铣刀	18～22	1～3	0.05～0.08
带整体刀头的立铣刀	18～22	5	0.04～0.06
带整体刀头的立铣刀	18～22	8	0.03～0.04
镶螺旋刀片的立铣刀	20～25	1～3	0.07～0.12
镶螺旋刀片的立铣刀	20～25	5	0.05～0.10
镶螺旋刀片的立铣刀	20～25	8	0.03～0.10
镶螺旋刀片的立铣刀	20～25	12	0.05～0.08
镶螺旋刀片的立铣刀	30～40	1～3	0.10～0.18
镶螺旋刀片的立铣刀	30～40	5	0.08～0.12
镶螺旋刀片的立铣刀	30～40	8	0.06～0.10
镶螺旋刀片的立铣刀	30～40	12	0.05～0.10
镶螺旋刀片的立铣刀	50～60	1～3	0.10～0.20
镶螺旋刀片的立铣刀	50～60	5	0.10～0.16
镶螺旋刀片的立铣刀	50～60	8	0.08～0.12
镶螺旋刀片的立铣刀	50～60	12	0.06～0.12

注：表中进给量可得到 $Ra6.3～3.2$μm 的表面粗糙度。

附录3　钻削用量选择参考表

一、钻中心孔的切削用量

刀 具 名 称	钻中心孔公称直径/mm	钻中心孔的切削进给量/（mm/r）	钻中心孔切削速度 v/（m/min）
中心钻	1	0.02	8～15
中心钻	1.6	0.02	8～15
中心钻	2	0.04	8～15
中心钻	2.5	0.05	8～15
中心钻	3.15	0.06	8～15
中心钻	4	0.08	8～15
中心钻	5	0.1	8～15
中心钻	6.3	0.12	8～15
中心钻	8	0.12	8～15
60°中心锪钻及带锥柄60°中心锪钻	1	0.01	12～25
60°中心锪钻及带锥柄60°中心锪钻	1.6	0.01	12～25
60°中心锪钻及带锥柄60°中心锪钻	2	0.02	12～25
60°中心锪钻及带锥柄60°中心锪钻	2.5	0.03	12～25
60°中心锪钻及带锥柄60°中心锪钻	3.15	0.03	12～25
60°中心锪钻及带锥柄60°中心锪钻	4	0.04	12～25
60°中心锪钻及带锥柄60°中心锪钻	5	0.06	12～25
60°中心锪钻及带锥柄60°中心锪钻	6.3	0.08	12～25
60°中心锪钻及带锥柄60°中心锪钻	8	0.08	12～25
不带护锥及带护锥的60°复合中心钻	1	0.01	12～25
不带护锥及带护锥的60°复合中心钻	1.6	0.01	12～25
不带护锥及带护锥的60°复合中心钻	2	0.02	12～25
不带护锥及带护锥的60°复合中心钻	2.5	0.03	12～25
不带护锥及带护锥的60°复合中心钻	3.15	0.03	12～25
不带护锥及带护锥的60°复合中心钻	4	0.04	12～25
不带护锥及带护锥的60°复合中心钻	5	0.06	12～25
不带护锥及带护锥的60°复合中心钻	6.3	0.08	12～25
不带护锥及带护锥的60°复合中心钻	8	0.08	12～25

二、高速钢钻头切削用量选择表

钻头直径 d_0/mm	钻孔的进给量 /（mm/r）				
	钢 σ_b < 800MPa	钢 σ_b 800～1000MPa	钢 σ_b > 1000MPa	铸铁、铜及铝合金（HB）≤ 200	铸铁、铜及铝合金（HB）> 200
≤ 2	0.05～0.06	0.04～0.05	0.03～0.04	0.09～0.11	0.05～0.07
2～4	0.08～0.10	0.06～0.08	0.04～0.06	0.18～0.22	0.11～0.13
4～6	0.14～0.18	0.10～0.12	0.08～0.10	0.27～0.33	0.18～0.22
6～8	0.18～0.22	0.13～0.15	0.11～0.13	0.36～0.44	0.22～0.26
8～10	0.22～0.28	0.17～0.21	0.13～0.17	0.47～0.57	0.28～0.34
10～13	0.25～0.31	0.19～0.23	0.15～0.19	0.52～0.64	0.31～0.39

续表

钻孔的进给量 /（mm/r）				
钻头直径 d_0/mm	钢 σ_b < 800MPa	钢 σ_b 800～1000MPa	钢 σ_b > 1000MPa	铸铁、铜及铝合金（HB）≤ 200	铸铁、铜及铝合金（HB）> 200
13～16	0.31～0.37	0.22～0.28	0.18～0.22	0.61～0.75	0.37～0.45
16～20	0.35～0.43	0.26～0.32	0.21～0.25	0.70～0.86	0.43～0.53
20～25	0.39～0.47	0.29～0.35	0.23～0.29	0.78～0.96	0.47～0.56
25～30	0.45～0.55	0.32～0.40	0.27～0.33	0.9～1.1	0.54～0.66
30～50	0.60～0.70	0.40～0.50	0.30～0.40	1.0～1.2	0.70～0.80

注：1. 表列数据适用于在大刚性零件上钻孔，精度在 H12～H13 级以下（或自由公差），钻孔后还用钻头、扩孔钻或镗刀加工，在下列条件下需乘以修正系数：①在中等刚性零件上钻孔（箱体形状的薄壁零件、零件上薄的突出部分钻孔）时，乘以系数 0.75；②钻孔后要用铰刀加工的精确孔，低刚性零件上钻孔，斜面上钻孔，钻孔后用丝锥攻螺纹的孔，乘以系数 0.50。

2. 钻孔深度大于 3 倍直径时应乘以修正系数：

钻孔深度（孔深以直径的倍数表示） 　　$3d_0$　　$5d_0$　　$7d_0$　　$10d_0$
修正系数 k_{lf} 　　　　　　　　　　1.0　　0.9　　0.8　　0.75

3. 为避免钻头损坏，当刚要钻穿时应停止自动走刀而改用手动走刀。

三、加工不同材料的切削速度

加工材料	硬度（HB）	切削速度 /（m/min）
铝及铝合金	45～105	105
铜及铜合金（加工性好）	124	60
铜及铜合金（加工性差）	124	20
镁及镁合金	50～90	45～120
锌合金	80～100	75
低碳钢（0.25C）	125～175	24
中碳钢（0.50C）	175～225	20
高碳钢（0.90C）	175～225	17
合金低碳钢（0.12C～0.25C）	175～225	21
合金中碳钢（0.25C～0.65C）	175～225	15～18
马氏体时效钢	275～325	17
不锈钢（奥氏体）	135～185	17
不锈钢（铁素体）	135～185	20
不锈钢（马氏体）	135～185	20
不锈钢（沉淀硬体）	150～200	15
工具钢	196	18
工具钢	241	15
灰铸铁（软）	120～150	43～46
灰铸铁（硬）	160～220	24～34
可锻铸铁	112～126	27～37
球墨铸铁	190～225	18

续表

加工材料	硬度（HB）	切削速度/（m/min）
高温合金（镍基）	150～300	6
高温合金（铁基）	180～230	7.5
高温合金（钴基）	180～230	6
钛及钛合金（纯钛）	110～200	30
钛及钛合金（α 及 $\alpha+\beta$）	300～360	12
钛及钛合金（β）	275～350	7.5
碳		18～21
塑料		30
硬橡胶		30～90

四、硬质合金钻头切削用量选择

钻头直径 d_0 /mm	钻孔的进给量/（mm/r）						
	σ_b550～850MPa①	淬硬钢硬度（HRC）≤40	淬硬钢硬度（HRC）40	淬硬钢硬度（HRC）55	淬硬钢硬度（HRC）64	铸铁（HB）≤170	铸铁（HB）>170
≤10	0.12～0.16	0.04～0.05	0.03	0.025	0.02	0.25～0.45	0.20～0.35
10～12	0.14～0.20	0.04～0.05	0.03	0.025	0.02	0.30～0.50	0.20～0.35
12～16	0.16～0.22	0.04～0.05	0.03	0.025	0.02	0.35～0.60	0.25～0.40
16～20	0.20～0.26	0.04～0.05	0.03	0.025	0.02	0.40～0.70	0.25～0.40
20～23	0.22～0.28	0.04～0.05	0.03	0.025	0.02	0.45～0.80	0.30～0.50
23～26	0.24～0.32	0.04～0.05	0.03	0.025	0.02	0.50～0.85	0.35～0.50
26～29	0.26～0.35	0.04～0.05	0.03	0.025	0.02	0.50～0.90	0.40～0.60

注：1. 大进给量用于在大刚性零件上钻孔，精度在 H12～H13 级以下或自由公差，钻孔后还用钻头、扩孔钻或镗刀加工。小进给量用于在中等刚性条件下，钻孔后要用铰刀加工的精确孔、钻孔后用丝锥攻螺纹的孔。

2. 钻孔深度大于 3 倍直径时应乘以修正系数：

孔深	$3d_0$	$5d_0$	$7d_0$	$10d_0$
修正系数 k_{lf}	1.0	0.9	0.8	0.75

3. 为避免钻头损坏，当刚要钻穿时应停止自动走刀而改为手动走刀。

4. 钻削钢件时使用切削液，钻削铸铁时不使用切削液。

① 表示淬硬的碳钢及合金钢。

五、加工不同材料的切削速度

加工材料	抗拉强度 σ_b/MPa	硬度（HB）	切削速度/（m/min）d_0=5～10mm	切削速度/（m/min）d_0=11～30mm
工具钢	1000	300	35～40	40～45
工具钢	1800～1900	500	8～11	11～14
工具钢	2300	575	<6	7～10
镍铬钢	1000	300	35～38	40～45
镍铬钢	1400	420	15～20	20～25

续表

加工材料	抗拉强度 σ_b/MPa	硬度（HB）	切削速度 /（m/min） d_0=5～10mm	切削速度 /（m/min） d_0=11～30mm
铸钢	500～600		35～38	38～40
不锈钢			25～27	27～35
热处理钢	1200～1800		20～30	25～30
淬硬钢			8～10	8～12
高锰钢			10～11	11～15
耐热钢			3～6	5～8
灰铸铁		200	40～45	45～60
合金铸铁		230～350	20～40	25～45
合金铸铁		350～400	8～20	10～25
冷硬铸铁			5～8	6～10
可锻铸铁			35～38	38～40
高强度可锻铸铁			35～38	38～40
黄铜			70～100	90～100
铸铁青铜			50～70	55～75
铝			250～270	270～300
硅铝合金			125～270	130～140
硬橡胶			30～60	30～60
酚醛树脂			10～120	10～120
硬质纸			40～70	40～70
硬质纤维			80～150	80～150
热固性纤维			60～90	60～90
塑料			30～60	30～60
玻璃			4.5～7.5	4.5～7.5
玻璃纤维复合材料			198	198
贝壳			30～60	30～60
软大理石			20～50	20～50
硬大理石			4.5～7.5	4.5～7.5

六、高速钢及硬质合金切削用量选择表

	高速钢及硬质合金扩孔时的进给量 /（mm/r）		
扩孔直径 d_0/mm	加工钢及铸钢	铸铁铜合金及铝合金（HB）< 200	铸铁铜合金及铝合金（HB）> 200
≤ 15	0.5～0.6	0.7～0.9	0.5～0.6
15～20	0.6～0.7	0.9～1.1	0.6～0.7

续表

扩孔直径 d_0/mm	高速钢及硬质合金扩孔时的进给量 /(mm/r)		
	加工钢及铸钢	铸铁铜合金及铝合金（HB）< 200	铸铁铜合金及铝合金（HB）> 200
20～25	0.7～0.9	1.0～1.2	0.7～0.8
25～30	0.8～1.0	1.1～1.3	0.8～0.9
30～35	0.9～1.1	1.2～1.5	0.9～1.0
35～40	0.9～1.2	1.4～1.7	1.0～1.2
40～50	1.0～1.3	1.6～2.0	1.2～1.4
50～60	1.1～1.3	1.8～2.2	1.3～1.5
60～80	1.2～1.5	2.0～2.4	1.4～1.7

注：1. 加工强度及硬度较低的材料时，采用较大值；加工强度及硬度较高的材料时，采用较小值。

2. 在扩盲孔时，进给量取为 0.3～0.6mm/r。

3. 表列进给量用于孔的精度不高于 H12～H13 级，以后还要用扩孔钻和铰刀加工的孔，还要用两把铰刀加工的孔。

4. 当加工孔的要求较高时，例如 H8～H11 级精度的孔，还要用一把铰刀加工的孔，用丝锥攻螺纹前的扩孔，则进给量应乘以系数 0.7。

七、高速钢扩孔钻扩孔时的切削速度

m/min

刀具规格 /mm	结构钢 f/(mm/r)													
	0.3	0.4	0.5	0.6	0.7	0.8	1	1.2	1.4	1.6	1.8	2	2.2	2.4
d_0=15，整体，a_p=1	34	29.4	26.3	24	22.2									
d_0=20，整体，a_p=1.5	38	32.1	28.7	26.2	24.2	22.7	21.4	20.3						
d_0=25，整体，a_p=1.5	29.7	25.7	23	21	19.4	18.2	17.1	16.2	14.8					
d_0=25，套式，a_p=1.5	26.5	22.9	20.5	18.7	17.3	16.2	15.3	14.5	13.2					
d_0=30，整体，a_p=1.5		27.1	24.3	22.1	20.5	19.2	17.2	15.6	14.5					
d_0=30，套式，a_p=1.5		24.2	21.7	19.8	18.3	17.1	15.3	14	12.9					
d_0=35，整体，a_p=1.5		25.2	22.5	20.5	19	17.8	15.9	14.5	13.4	12.6				
d_0=35，套式，a_p=1.5		22.4	20.1	18.3	17	15.9	14.2	13	12	11.2				
d_0=40，整体，a_p=1.5		24.7	22.1	20.2	18.7	17.5	15.6	14.3	13.2	12.3				
d_0=40，套式，a_p=2			19.7	18	16.7	15.6	14	12.7	11.8	11				
d_0=50，套式，a_p=2.5			18.5	16.9	15.6	14.6	13.1	12	11.1	10.4	9.8	9.3		
d_0=60，套式，a_p=3			17.6	16.1	14.9	13.9	12.5	11.4	10.5	9.9	9.3	8.8	8.4	
d_0=70，套式，a_p=3.5				15.5	14.3	13.4	12	10.9	10.1	9.5	8.9	8.5	8.1	7.7
d_0=80，套式，a_p=4				14.4	13.4	12.5	11.1	10.2	9.4	8.8	8.3	7.9	7.5	7.2

刀具规格 /mm	灰铸铁 f/(mm/r)															
	0.3	0.4	0.5	0.6	0.8	1	1.2	1.4	1.6	1.8	2	2.4	2.8	3.2	3.6	4
d_0=15，整体，a_p=1	33.1	29.5	27	25.1	22.4	20.5	19									
d_0=20，整体，a_p=1.5	35.1	31.3	28.6	26.6	23.7	21.7	20.1	18.9	17.9							
d_0=25，整体，a_p=1.5		29.4	26.9	25	22.3	20.4		17.8	16.9	16.1						
d_0=25，套式，a_p=1.5		26.4	24.1	22.4	20	18.3	17	16	15.1	14.4						
d_0=30，整体，a_p=1.5			28	26	23	21.2	19.7	18.5	17.5	16.7	16					
d_0=30，套式，a_p=1.5			23.7	23.2	20.7	19	17.6	16.6	15.7	15	14.4					

续表

刀具规格 /mm	灰铸铁 f/（mm/r）															
	0.3	0.4	0.5	0.6	0.8	1	1.2	1.4	1.6	1.8	2	2.4	2.8	3.2	3.6	4
d_0=35，整体，a_p=1.5				25.7	22.9	20.9	19.5	18.3	17.3	16.5	15.9	14.7				
d_0=35，套式，a_p=1.5				23	20.5	18.7	17.4	16.4	15.5	14.8	14.2	12.4				
d_0=40，整体，a_p=1.5				25.6	22.8	20.9	19.4	18.3	17.3	16.5	15.8	14.7	13.8			
d_0=40，套式，a_p=2				23	20.5	18.7	17.4	16.4	15.5		14.2	13.2	12.4			
d_0=50，套式，a_p=2.5					20.3	18.5	17.2	16.2	15.4		14	13.1	12.3	11.6		
d_0=60，套式，a_p=3					20.1	18.4	17.1	16.1	15.2		13.9	13	12.2	11.6	11	
d_0=70，套式，a_p=3.5						18.3	17	16	15.2		13.9	12.9	12.1	11.5	11	10.5
d_0=80，套式，a_p=4						18.2	16.9	15.9	15.1		13.8	12.8	12.1	11.4	10.9	10.5

八、硬质合金扩孔钻扩孔时的切削速度

m/min

刀具规格 /mm	结构钢 f/（mm/r）													
	0.2	0.25	0.3	0.35	0.4	0.45	0.5	0.6	0.7	0.8	0.9	1	1.2	1.4
d_0=15，a_p=1	58	55	52	49	47	46	44	42	40					
d_0=20，a_p=1		65	61	59	56	54	53	50	48	46				
d_0=25，a_p=1.5			60	58	55	53	52	49	47	45	43			
d_0=30，a_p=1.5					62	60	58	55	52	50	48	47		
d_0=35，a_p=1.5						62	60	57	54	52	50	49		
d_0=40，a_p=2						63	61	58	55	53	51	50	47	
d_0=50，a_p=2.5							61	58	56	53	52	50	47	45
d_0=60，a_p=3							62	59	56	54	52	50	48	46
d_0=70，a_p=3.5							63	60	57	55	53	51	48	46
d_0=80，a_p=4							64	60	57	55	53	52	49	47

刀具规格 /mm	灰铸铁 f/（mm/r）													
	0.3	0.35	0.4	0.5	0.6	0.7	0.8	0.9	1	1.2	1.4	1.6	2	2.4
d_0=15，a_p=1	86	80	76	68	63	59	55	52						
d_0=20，a_p=1		90	85	77	71	66	62	59	56					
d_0=25，a_p=1.5			78	70	65	60	57	54	51	47				
d_0=30，a_p=1.5				81	76	70	65	61	58	55	51			
d_0=35，a_p=1.5				73	68	63	60	56	54	50				
d_0=40，a_p=2				74	68	64	60	57	54	50	47	44		
d_0=50，a_p=2.5					63	59	56	53	50	46	43	41	37	
d_0=60，a_p=3					60	56	53	50	48	44	41	38	35	
d_0=70，a_p=3.5						54	50	48	46	42	39	37	33	31
d_0=80，a_p=4						52	49	46	44	41	38	36	32	30

九、高速钢铰刀铰削的切削速度（精铰）

m/min

精度等级	结构碳钢、铬钢、镍铬钢			灰铸铁、可锻铸铁、铜合金		
	加工表面粗糙度 $Ra/\mu m$	切削速度 $v/(m/min)$	灰铸铁	灰铸铁	可锻铸铁	铜合金
H7 ～ H8	3.2 ～ 1.6	4 ～ 5	8	15	15
H7 ～ H8	1.6 ～ 0.8	2 ～ 3	4	8	8

十、铰刀铰削切削用量选择表

高速钢及硬质合金机铰刀铰孔时的进给量 /（mm/r）

刀具材料	加工材料	铰刀直径 ≤ 5mm	铰刀直径 5 ～ 10mm	铰刀直径 10 ～ 20mm	铰刀直径 20 ～ 30mm	铰刀直径 30 ～ 40mm	铰刀直径 40 ～ 60mm	铰刀直径 60 ～ 80mm
高速钢铰刀	钢 $\sigma_b \leq 900MPa$	0.2 ～ 0.5	0.4 ～ 0.9	0.65 ～ 1.4	0.8 ～ 1.8	0.95 ～ 2.1	1.3 ～ 2.8	1.5 ～ 3.2
	钢 $\sigma_b > 900MPa$	0.15 ～ 0.35	0.35 ～ 0.7	0.55 ～ 1.2	0.65 ～ 1.5	0.8 ～ 1.8	1.0 ～ 2.3	1.2 ～ 3.2
	铸铁铜及铝合金（HB）≤ 170	0.6 ～ 1.2	1.0 ～ 2.0	1.5 ～ 3.0	2.0 ～ 4.0	2.5 ～ 5.0	3.2 ～ 6.4	3.75 ～ 7.5
	铸铁（HB）> 170	0.4 ～ 0.8	0.65 ～ 1.3	1.0 ～ 2.0	1.3 ～ 2.6	1.6 ～ 3.2	2.1 ～ 4.2	2.6 ～ 5.0
硬质合金铰刀	未淬硬钢		0.35 ～ 0.5	0.4 ～ 0.6	0.5 ～ 0.7	0.6 ～ 0.8	0.7 ～ 0.9	0.9 ～ 1.2
	淬硬钢		0.25 ～ 0.35	0.3 ～ 0.4	0.35 ～ 0.45	0.4 ～ 0.5		
	铸铁（HB）≤ 170		0.9 ～ 1.4	1.0 ～ 1.5	1.2 ～ 1.8	1.3 ～ 2.0	1.6 ～ 2.4	2.0 ～ 3.0
	铸铁（HB）> 170		0.7 ～ 1.1	0.8 ～ 1.2	0.9 ～ 1.4	1.0 ～ 1.5	1.25 ～ 1.8	1.5 ～ 3.2

注：1. 表内进给量用于加工通孔，加工盲孔时进给量应取为 0.2 ～ 0.5mm/r。

2. 最大进给量用于在钻或扩孔之后，精铰孔之前的粗铰孔。

3. 中等进给量用于：①粗铰之后精铰 H7 级精度的孔；②精镗之后精铰 H7 级精度的孔；③硬质合金铰刀精铰 H8 ～ H9 级精度的孔。

4. 最小进给量用于：①抛光或珩磨之前的精铰孔；②用一把铰刀铰 H8 ～ H9 级精度的孔；③硬质合金铰刀精铰 H7 级精度的孔。

十一、高速钢铰刀粗铰削的切削速度（粗铰）

m/min

刀具规格 /mm	结构钢、铬钢、镍铬钢 $f/(mm/r)$														
	≤ 0.5	0.6	0.7	0.8	1	1.2	1.4	1.6	1.8	2	2.2	2.5	3	3.5	4
$d_0=5$，$a_p=0.05$	24	21.3	19.3	17.6											
$d_0=10$，$a_p=0.075$	21.6	19.2	17.4	15.9	13.8	12.3									
$d_0=15$，$a_p=0.1$	17.4	15.3	14.1	12.9	11.1	9.9	9.2	8.2	7.7	7.1					
$d_0=20$，$a_p=0.125$	18.2	16.1	14.7	13.5	11.6	10.3	9.3	8.6	7.9	7.4					
$d_0=25$，$a_p=0.125$	16.6	14.8	13.4	12.2	10.6	9.4	8.5	7.8	7.2	6.7					

续表

刀具规格 /mm	结构钢、铬钢、镍铬钢 f/（mm/r）														
	≤ 0.5	0.6	0.7	0.8	1	1.2	1.4	1.6	1.8	2	2.2	2.5	3	3.5	4
d_0=30，a_p=0.125	12.9				11.2	9.9	8.9	8.2	7.6	7.1	6.6	6.2	5.4	5.1	4.6
d_0=40，a_p=0.15	12.1				10.4	9.1	8.4	7.5	7.2	6.7	6.2	5.7	5.1	4.7	4.2
d_0=50，a_p=0.15	11.4				9.9	8.8	8	7.3	6.7	6.3	5.9	5.4	4.8	4.4	4
d_0=60，a_p=0.2	10.7				9.2	8.2	7.4	6.8	6.3	5.9	5.5	5.1	4.5	4.1	3.7
d_0=80，a_p=0.25	9.8				8.5	7.5	6.8	6.2	5.8	5.4	5.1	4.7	4.1	3.8	3.4

刀具规格 /mm	灰铸铁 190HB　f/（mm/r）													
	≤ 0.5	0.6	0.7	0.8	1	1.2	1.4	1.6	1.8	2	2.5	3	4	5
d_0=5，a_p=0.05	18.9	17.2	15.9	14.9	13.3	12.2	11.3	10.6	9.9	9.4				
d_0=10，a_p=0.075	17.9	16.3	15.1	14.1	12.6	11.5	10.7	9.4	8.9					
d_0=15，a_p=0.1	15.9	14.5	13.4	12.6	11.2	10.3	9.5	8.9	8.4	8				
d_0=20，a_p=0.125	16.5	15.1	14	13.1	11.7	10.7	9.9	9.2	8.7	8.3	7.4	6.7		
d_0=25，a_p=0.125	14.7	13.4	12.4	11.3	10.4	9.5	8.8	8.2	7.7	7.4	6.6	6		
d_0=30，a_p=0.125				12.1	10.8	9.8	9.1	8.5	8	7.6	6.8	6.2	5.4	4.8
d_0=40，a_p=0.15				11.5	10.3	9.4	8.7	8.1	7.6	7.3	6.5	5.9	5.1	4.6
d_0=50，a_p=0.15				11.5	10	9.2	8.5	7.9	7.5	7.1	6.3	5.8	5	4.5
d_0=60，a_p=0.2				10.7	9.6	8.7	8.1	7.6	7.1	6.8	6.1	5.5	4.8	4.3
d_0=80，a_p=0.25				10	8.9	8.1	7.5	7.1	6.7	6.3	5.6	5.2	4.5	4

参 考 文 献

［1］ 蒋增福.铣工工艺与技能训练［M］.北京：高等教育出版社，2006.

［2］ 蒋增福.车工工艺与技能训练［M］.3 版.北京：高等教育出版社，2014.

［3］ 肖善华，廖璘志.机械加工工艺设计［M］.北京：机械工业出版社，2018.

［4］ 姜全新，唐燕华.铣削工艺技术［M］.沈阳：辽宁科学技术出版社，2009.

［5］ 王甫茂.机械制造基础［M］.北京：科学出版社，2011.

［6］ 杨好学，周文超.互换性与测量［M］.北京：国防工业出版社，2014.

［7］ 侯德政.机械工程材料及热加工基础［M］.北京：国防工业出版社，2008.

［8］ 闵小琪，陶松桥.机械制造工艺［M］.3 版.北京：高等教育出版社，2018.

［9］ 陈明.机械制造工艺学［M］.2 版.北京：机械工业出版社，2021.

［10］ 陈锡渠.现代机械制造工艺［M］.北京：清华大学出版社，2006.

［11］ 兰建设.机械制造工艺与夹具［M］.2 版.北京：机械工业出版社，2018.

［12］ 陈宝军，张雪筠.切削加工［M］.北京：电子工业出版社，2009.

［13］ 夏致斌.模具钳工［M］.北京：机械工业出版社，2009.

［14］ 赵玉奇.机械制造基础与实训［M］.3 版.北京：机械工业出版社，2018.

［15］ 张宝忠.现代机械制造技术基础实训教程［M］.北京：清华大学出版社，2004.

［16］ 黄华烨.机械制造工程实践［M］.哈尔滨：哈尔滨工业大学出版社，2011.

［17］ 蔡安江.机械制造技术基础［M］.北京：机械工业出版社，2007.

［18］ 谢琪.机械制造技术［M］.北京：机械工业出版社，2018.

［19］ 郑建中.互换性与测量技术［M］.杭州：浙江大学出版社，2004.

［20］ 胡瑢华，严萍.甘泽新.公差配合与测量［M］.3 版.北京：清华大学出版社，2017.

［21］ 高艳，游文明.数控车削加工工艺设计与编程［M］.北京：高等教育出版社，2019.

［22］ 陈洪涛.数控加工工艺与编程［M］.4 版.北京：高等教育出版社，2021.

［23］ 山特维克可乐满手册.金属切削技术指南［M］.2010.

［24］ 陈建刚.机床夹具设计［M］.北京：北京邮电大学出版社，2012.

［25］ 赵宏立.机械加工工艺与装备［M］.2 版.北京：人民邮出版社，2024.

［26］ 吴世友.机械加工工艺与设备［M］.2 版.北京：人民邮出版社，2023.

［27］ 于爱武.机械加工工艺编制与实施［M］.北京：人民邮出版社，2023.